世界武器鉴赏系列

全球导弹鉴赏指南（珍藏版）

（第2版）

《深度军事》编委会 编著

清华大学出版社
北京

内 容 简 介

本书精心选取了世界各国现役的近百种导弹，涵盖了空对空导弹、空对地导弹、地对地导弹、防空导弹、反舰导弹以及单兵便携式导弹等不同种类的导弹。为了增强阅读趣味性，并帮助读者更深刻地了解各类导弹的特性，本书将每种导弹的介绍都特意分为研发历史、弹体构造、性能解析、服役记录、衍生型号和10秒速识等多个板块，并详细罗列了各项参数。

本书内容结构严谨、分析讲解透彻，而且图片精美丰富，既适合广大军事爱好者阅读和收藏，也可以作为青少年的科普读物。

图书在版编目(CIP)数据

全球导弹鉴赏指南(珍藏版)/《深度军事》编委会编著．—2版．—北京：清华大学出版社，2018(2023.12重印)
(世界武器鉴赏系列)
ISBN 978-7-302-50962-2

Ⅰ．①全… Ⅱ．①深… Ⅲ．①导弹—世界—指南 Ⅳ．①E927-62

中国版本图书馆CIP数据核字(2018)第190315号

责任编辑：李玉萍
封面设计：郑国强
责任校对：张彦彬
责任印制：杨　艳
出版发行：清华大学出版社
网　　址：https://www.tup.com.cn，https://www.wqxuetang.com
地　　址：北京清华大学学研大厦A座　　**邮　　编：**100084
社 总 机：010-83470000　　**邮　　购：**010-62786544
投稿与读者服务：010-62776969，c-service@tup.tsinghua.edu.cn
质 量 反 馈：010-62772015，zhiliang@tup.tsinghua.edu.cn
印 装 者：涿州汇美亿浓印刷有限公司
经　　销：全国新华书店
开　　本：146mm×210mm　　**印　　张：**10.5
版　　次：2016年12月第1版 2018年9月第2版　　**印　　次：**2023年12月第12次印刷
定　　价：49.80元

产品编号：076675-01

丛书序

FOREWORD

国无防不立，民无防不安。一个国家、一个民族，最重要的两件大事就是发展和安全。国防是人类社会发展与安全需要的产物，是关系到国家和民族生死存亡的根本大计。军事图书作为学习军事知识、了解世界各国军事实力的绝佳途径，对提高国民的国防观念、加强青少年的军事素养有着重要意义。

与其他军事强国相比，我国的军事图书在写作和制作水平上还存在许多不足。以全球权威军事刊物《简氏防务周刊》（英国）为例，其信息分析在西方媒体和政府中一直被视为权威，其数据库广泛被各国政府和情报机构购买。而由于种种原因，我国的军事图书在专业性、全面性和影响力等方面都存在明显不足。

为了给军事爱好者提供一套全面而又专业的武器参考资料，并为广大青少年提供一套有趣、易懂的军事入门级读物，我们精心推出了“世界武器鉴赏系列”图书，内容涵盖现代飞机、现代战机、早期战机、现代舰船、单兵武器、特战装备、世界名枪、世界手枪、美国海军武器、二战尖端武器、坦克与装甲车等。

本系列图书由国内资深军事研究团队编写，力求内容的全面性、专业性和趣味性。我们在吸收国外同类图书优点的同时，还运用了一些独特的表现手法，力图做到化繁为简、图文并茂，以符合国内读者的阅读习惯。

本系列图书内容丰富、结构合理，在引导读者熟悉武器历史的同时，还可以提纲挈领地了解各种武器的作战性能。在武器的相关参数上，我们参考了武器制造商官方网站的公开数据，以及国外的权威军事文档，力求做到有理有据。每本图书都有大量的精美图片，配合别出心裁的排版方式，具备较高的欣赏和收藏价值。

前言
PREFACE

二战后期，德国首先在实战中使用了 V-1 和 V-2 导弹，从欧洲西海岸隔海轰炸英国。从此以后，导弹受到世界各国的普遍重视。20 世纪 70 年代中期以后，导弹进入了全面发展更新阶段，导弹家族不断壮大，种类越来越多。

导弹的使用，使战争的突发性和破坏性显著增大，规模和范围急剧扩大，进程进一步加快，从而改变了过去常规战争的时空观念，给现代战争的战略战术带来巨大而深远的影响。它的发展既依赖于科学与工业技术的进步，同时又推动科学技术的发展，因而导弹技术水平成为衡量一个国家军事实力的重要标志之一。导弹武器是现代高科技的结晶和化身，由于具有不同于一般进攻性武器的突出特点，使其成为信息化战争的主战装备、实现精确作战的必备武器、各类武器平台作战能力的提升器、现代作战防御系统的主要拦截器等。

本书精心选取了世界各国现役的近百种导弹，涵盖了空对空导弹、空对地导弹、地对地导弹、防空导弹、反舰导弹以及单兵便携式导弹等不同种类的导弹武器。为了增强阅读趣味性，并帮助读者更深刻地了解各类导弹，本书将每种导弹的介绍都特意分为研发历史、弹体构造、性能解析、服役记录、衍生型号和 10 秒速识等多个板块，并详细罗列了各项参数。

本书紧扣军事专业知识，不仅引导读者熟悉武器历史，而且可以了解武器的作战性能，特别适合作为广大军事爱好者的参考资料和青少年朋友的入门读物。全书共分为7章，涉及内容全面合理，并配有丰富而精美的图片。

本书是真正面向军事爱好者的基础图书。全书由资深军事团队编写，力求内容的全面性、趣味性和观赏性。全书内容丰富、结构合理，关于武器的相关参数还参考了制造商官方网站的公开数据，以及国外的权威军事文档。

本书由《深度军事》编委会创作，参与本书编写的人员有杨淼淼、阳晓瑜、陈利华、高丽秋、龚川、何海涛、贺强、胡姝婷、黄启华、黎安芝、黎琪、黎绍文、卢刚、罗于华等。对于广大资深军事爱好者以及有意掌握国防军事知识的青少年，本书不失为最有价值的科普读物。希望读者能够通过阅读本书循序渐进地提高自己的军事素养。

本书赠送的图片及其他资源均以二维码形式提供，读者可以使用手机扫描下面的二维码下载并观看。

目录
CONTENTS

Chapter 01
导弹漫谈

导弹是20世纪40年代开始出现的武器，是现代高科技的结晶和化身。导弹具有威力大、射程远、精度高、突防能力强等显著特性，这些特性使导弹成为具有超强进攻性和强大威慑力的武器。

导弹的发展历程

二战后期，德国首先在实战中使用了V－1和V－2导弹，V－1是一种亚音速的无人驾驶武器。V－2是一种液体导弹，由于可靠性差及弹着点的散布面太大，只起到骚扰的作用，作战效果不大。但V－2导弹对以后导弹技术的发展起了重要作用。

V-2导弹

20世纪40年代后期，美国和苏联分别使用德国的器材装配了一批V－2导弹做试验，旨在提高其射程与制导精度。英、法两国也分别于1948年和1949年重新开始导弹的研究工作。从50年代开始出现了采用大推力发动机、多级火箭推送的中程与远程液体导弹，但这种导弹因为存在地面设备复杂、发射准备时间长、生存能力低等问题，使其不能成为一种有效的作战武器。60年代初到70年代中期，由于科学技术的进步和现代战争的需要，导弹进入了改进性能、提高质量的全面发展时期。美国首先于1970年在“民兵”Ⅲ

型导弹上实现了带 3 个弹头的目标，随后美、苏在新研制的远程导弹上都采用了这项技术。随着进攻性导弹精度的提高和侦察能力的完善，从固定基地发射的导弹越来越难以保证自身的安全。采用加固的办法可以在一定程度上解决生存能力低的问题，随后又发明了机动发射方式。大型多弹头导弹比较笨重，陆地机动发射会遇到许多困难。一些国家转而研制便于机动发射的小型单弹头洲际导弹。80 年代之后，导弹已成为衡量一个国家军事实力强弱的重要标志之一。

“民兵”Ⅲ型导弹

导弹是现代科学技术的高度集成，它的发展既依赖于科学与工业技术的进步，同时又推动科学技术的发展，在 20 世纪 90 年代至今的现代战场上，随处可见导弹的身影。现代导弹武器呈现出远中近程兼备、固体液体型号俱全、核导弹常规导弹并存的格局。

“和平卫士”导弹释放出的 8 个弹头发射轨迹

导弹的分类

空对空导弹

空对空导弹是空中战场的主要武器之一，一般通过战机发射攻击空中目标。二战后期，世界上开始出现第一种空对空导弹，它是由德国研制的 X–4 导弹，它能够由飞机发射，采用无线电指令制导方式，能够自动导引，并采用固体火箭发动机等。这些特点是空对空导弹的典型特征，在当时属于真正的高科技产品，但由于技术还不成熟，此时的空对空导弹还无法进入实用化。

F-22 战斗机发射 AIM-120 空对空导弹

20 世纪 40 年代中期至 50 年代中期，空对空导弹只能对机动性比较差的亚音速轰炸机实施追尾攻击，到了 60 年代中期，超音速轰炸机的出现和电子技术的发展，促使空对空导弹的射程、横向过载、适用的高度和速度都有很大提高，具备了一定的拦射和全天候作战的能力。直到 90 年代，空对空导弹在远距全方向、全高度、全天候拦射和近距格斗性能方面都得到了很大发展。1981 年以来，在美国和利比亚、叙利亚和以色列、英国和阿根廷等国家发生的局部战争空战中，都使用了近距格斗导弹，取得了明显的效果，大大提高了空对空导弹在空战中的地位。

空对空导弹主要由制导装置、战斗部、动力装置和弹翼等部分组成。制导装置用以控制导弹跟踪目标，常用的有红外寻的、雷达寻的和复合制导等类型。战斗部用来直接毁伤目标，多数装高能常规炸药，也有的使用核装药。其引信多为红外、无线电和激光等类型的近炸引信，多数导弹同时还安装有触发引信。动力装置用来产生推力，推动导弹飞行。空对空导弹多采用固体火箭发动机。弹翼用以产生升力，并保证导弹飞行的稳定。

F-14 战斗机发射 AIM-54 空对空导弹

空对地导弹

空对地导弹是航空兵进行空中突击的主要武器之一，具有较高的目标毁伤概率，机动性强，隐蔽性好，能从敌方防空武器射程之外发射，可减少地面防空火力对载机的威胁。

二战期间，德国首先将 V–1 导弹使用飞机发射，从而使其成为现代空对地导弹的先驱。战后各国积极研制并装备的空对地导弹已经历三代，且种类繁多、用途各异。20 世纪 50 年代后，空对地导弹迅速发展，在此后的多次局部战争中，空对地导弹都取得显著战绩。实践证明，空对地导弹在与其他攻击武器配合使用时，能快速提高突击效果。

保存至今的 V-1 导弹

空对地导弹主要由弹体、制导装置、动力装置、战斗部等组成。弹体的气动布局通常为常规式、鸭式。制导装置用来控制导弹按确定的导引规律飞向目标，其构成随制导方式而定。制导方式有自主式制导、遥控制导、寻的制导和复合制导。动力装置用来产生推力推动导弹飞行，有固体火箭发动机、涡轮喷气发动机、涡轮风扇发动机等。战斗部用来摧毁目标，有常规装药与核装药。未来空对地导弹将主要朝着增大射程和速度，进一步提高抗干扰，全天候突防和攻击多目标的能力以及一弹多用的方向发展。

F-16 战斗机发射 AGM-154 空对地导弹

地对地导弹

地对地导弹是导弹家族的一个重要组成部分，具有射程远、威力大、精度高等特点，主要从陆地发射以攻击陆地目标。德国在二战末期使用的V–1导弹和V–2导弹是最早的地对地导弹，战后美国和苏联等国在此基础上，研制了各种地对地战术导弹，以及中程、远程和洲际地对地战略导弹。到目前为止，世界上已有30多个国家装备了地对地导弹，其中第三世界国家中就有20多个国家部署了地对地导弹，有十几个国家拥有研制、生产地对地导弹或导弹部件的能力。

地对地导弹由弹头、弹体或战斗部、动力组织和制导系统等组成。与导弹地面指挥控制、探测跟踪、发射系统等结构构成地对地导弹武器系统，发射方式有地面和地下、固定和机动、垂直和倾斜、热发射或冷发射等。

各国现役中的地对地导弹中，除美国新装备的“陆军战术导弹”采用子弹药带制导的集束式子母弹头有较好的突防能力外，其他都未采取任何突防措施，所以采取突防措施，提高突防能力将是今后改进或新发展的地对地导弹的重要趋势。除此之外，机动、隐蔽的发射方式也将是提高地对地导弹在现在和将来战场上生存能力的最佳方案。

防空导弹

防空导弹是指由地面、舰船或者潜艇发射，拦截空中目标的导弹，通过二战期间的实战经验，各国意识到携带原子弹的轰炸机的威胁远超使用传统炸弹的轰炸机，除了研发速度更快的拦截机以外，防空导弹也成为许多国家取代高射炮的对空武器。这个发展趋势不仅影响到了地面防空需求，也逐渐延伸到水面舰艇的防空作战上。从20世纪40年代初德国开始研究防空导弹至今经历近80年，世界上的防空导弹已研制到第四代，但仍然继续对新型防空导弹进行研发。

由于大多数空中目标速度高、机动性大，因此防空导弹绝大多数为轴对称布局的有翼导弹。动力装置多采用固体火箭发动机，也可以采用液体火箭发动机、冲压式空气喷气发动机和火箭冲压发动机。

反舰导弹

反舰导弹是指从舰艇、岸上或飞机上发射，攻击水面舰艇的导弹，多次用于现代战争，在现代海战中发挥了重要作用。

世界上最早的反舰导弹是德国于二战末期研制的 Hs-292 反舰导弹，在 1944 年末投入实战并击沉多艘盟军运输船。现代以主动雷达导引设计的反舰导弹的第一次成功使用是 1967 年由埃及发射苏联制造与提供的“冥河”导弹，击沉以色列的驱逐舰“艾略特”号。后来以色列吸取了这次战役的惨痛教训，开发了“毒蜂”级导弹快艇和其搭载的“天使”导弹。

反舰导弹主要由弹头段、导引段、推进段组成。弹头段也称战斗部，是提供破坏力的主要来源。一般来讲，虽然弹头重量越高的导弹破坏力越大，但也会严重限制可以发射的载具大小。导引段是协助导弹追踪目标和进行控制的部分，根据制导方式的不同，导弹也具有不同的弹道，常见的导引方式包括乘波导引、主动雷达导引与红外线导引等。推进段提供导弹飞行的动力与改变航向与姿态的能力，常见的推进方式分为火箭发动机和涡轮发动机两种。北约国家生产的反舰导弹一般采用涡轮发动机。

单兵便携式导弹

单兵便携式导弹是集体积小、重量轻、射程近等特点于一身的一种轻型导弹，主要配备于作战地域前沿或重要设施的防空区域，主要打击对象是低空、超低空飞行的战机及装甲武器。

单兵便携式导弹的制导方式一般比较简单，因弹体太小，无法装设雷达和微处理机等复杂的制导设备，故多采用光学、红外和复合制导等方式。发射方式主要为肩扛与依托发射两种。肩扛式发射就是发射者呈站立姿态，发射仰角选在 15 ~ 65 度，将发射器置于肩上，用单目瞄准镜进行瞄准、像发射反坦克火筒那样扣动扳机便可。依托式发射方式是指发射装置装在三脚支架上、车辆上、舰船上或任何固定及移动的平台上进行发射。

Chapter 02

空对空导弹

空对空导弹作为当前和未来空战的主要武器，对夺取制空权有着不可替代的作用。空对空导弹主要从飞行器上发射攻击空中目标，一般作为轰炸机、攻击机、战斗机、武装直升机的空战武器，具有反应快、机动性能好、尺寸小、重量轻、使用灵活方便等特点。

美国 AIM-7“麻雀”空对空导弹

AIM-7“麻雀”是美国的一种中程半主动雷达导引的空对空导弹，是西方国家在 20 世纪 50 ~ 90 年代最主要的超视距空战武器。

基本参数	
长度	3.7 米
直径	0.2 米
翼展	0.81 米
重量	230 千克
速度	2.5 马赫
有效射程	32 千米

研发历史

20 世纪 40 年代末，美国海军决定发展一种用于空战的制导武器。1947 年美国海军与斯佩里公司签署合同，决定在标准 127 毫米直径的机载无控航空火箭基础上研发一种采用雷达波束制导的有控机载航空火箭，以此作为海军当时进行的“热点计划（HotShot）”的一个组成部分。该型号有控火箭最初被命名为 KAS-1，后来更名为 AAM-2，到了 1948 年又被改为 AAM-N-2。最终原型弹于 1947 年进行了无动力飞行试验，并于 1952 年进行了首次空中拦截试验。经过长时间的研发后，编号 AAM-N-2 的“麻雀”导弹在 1956 年正式服役，主要用途为拦截战略轰炸机，日后变更代号为 AIM-7。经过多次改型，先后研制了 AIM-7A、B、

C、D、E、 F、G、H 和 M 等多种型号，其中大多数是 AIM-7E，也有较先进的 AIM-7M。

发射中的 AIM-7“麻雀”空对空导弹

弹体构造

AIM-7 弹体内部从前到后依次为：雷达半主动导引头舱、自动驾驶仪舱、舵机舱、战斗部和引信保险执行舱，最后是火箭发动机舱。

AIM-7“麻雀”空对空导弹示意图

性能解析

与其他半主动雷达导引导弹相同，AIM-7 导弹自身不发射雷达波，而是借由发射平台的雷达波自目标上反射的连续波讯号导向目标。接收器也能接收导引雷达的讯号进行比对，以提升反制能力。

作为二代空空导弹的代表，AIM-7 “麻雀”导弹奠定了现代中程空空导弹的基本设计布局。细长的弹体减小了飞行阻力，使导弹无须采用大推力引擎就能获得较高速度和较远航程，雷达半主动制导技术使导弹在可靠性和命中精度之间获得了较好平衡。

挂载于战机上的 AIM-7“麻雀”空对空导弹

服役记录

AIM-7“麻雀”导弹曾经在美国空军、海军、海军陆战队航空兵中广泛装备，同时也作为外销武器被多个北约盟国空军/海军航空兵采用。AIM-7M 导弹是“麻雀”家族使用最普遍的一种型号。该型导弹参加了 1991 年的海湾战争，在战争中表现优异，美军的很多击落纪录都是由 AIM-7M 导弹创造的。

F-18 战斗机正在发射 AIM-7“麻雀”导弹

衍生型号

型号	特点
AIM-7A	对付高速轰炸机
AIM-7B	主动雷达制导
AIM-7C	半主动连续照射雷达制导
AIM-7D	半主动连续照射雷达制导
AIM-7E	在 AIM-7D 基础上大幅增加了射程
AIM-7F	脉冲多普勒、连续雷达波半主动雷达制导
AIM-7G	实验型号
AIM-7M	采用全固态化微处理技术，以及新的战斗部、主动雷达寻标器和发动机等
AIM-7P	改进了导引电子零件，采用新的引信和电脑加强导弹的性能
AIM-7R	改进半主动雷达寻标器再加装一个新的红外线双模式制导装置

F-15 战斗机发射 AIM-7P 导弹

10 秒速识

AIM-7 “麻雀”导弹的外形从初始型号到最终型号变化很大，以使用最为广泛的 AIM-7E/F/M 型为例，导弹为细长圆柱弹体，头部呈尖卵形，有 4 个全动式十字形三角弹翼位于弹体中部，4 个固定的三角形安定面位于弹体尾部。

AIM-7 “麻雀”导弹前侧方特写

美国 AIM-9“响尾蛇”空对空导弹

AIM-9“响尾蛇”（Sidewinder）空对空导弹是全世界第一款实用化的空对空导弹。

基本参数	
长度	3.02 米
直径	0.127 米
翼展	0.63 米
重量	85.3 千克
速度	2.5 马赫
有效射程	18.2 千米

研发历史

AIM-9 “响尾蛇”导弹于 1948 年开始设计，由美国海军空用武器中心研制，导弹的原型 XAAM-N-7 于 1953 年 9 月试射成功，后来更改编号为 GAR-8，最后又改为 AIM-9。其基本型号是 AIM-9B，相继有改进型号 AIM-9C、9D、9G、9H、9E、9J、9N、9P、9L、9M 等投产面世，该型导弹总共生产 10 万多枚，形成世界上最大的“响尾蛇”空对空导弹系列。

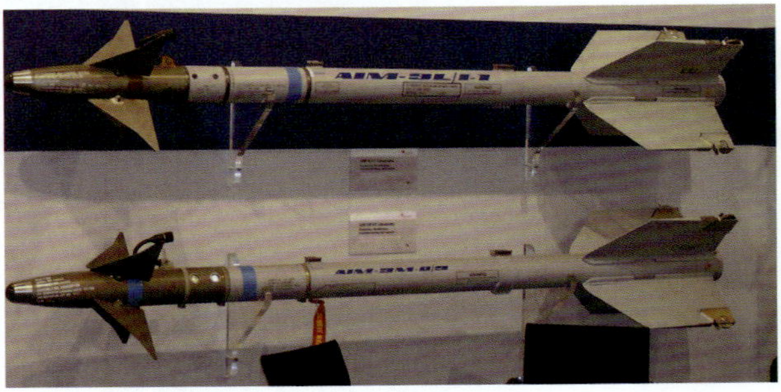

AIM-9L（上）与 AIM-9M（下）

弹体构造

AIM-9“响尾蛇”采用鸭式气动布局，全弹由制导控制舱、引信与战斗部、动力装置、弹翼和舵面所组成。“响尾蛇”导弹各个型号的结构并不相同，最新型号 AIM-9X 的外形与之前的型号有很大差异，其取消了陀螺舵的设计，因为导弹内部已经有专门的姿态控制系统保证导弹飞行过程中不会发生自旋。此外，AIM-9X 采用了矢量控制系统，通过改变发动机尾喷口喷气方向控制导弹的飞行方向。

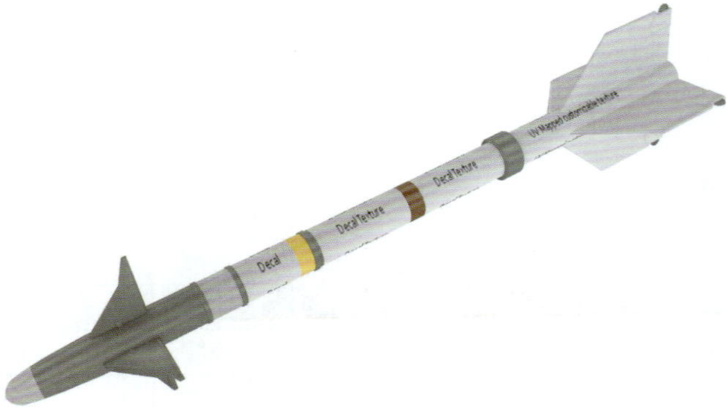

AIM-9“响尾蛇”导弹示意图

性能解析

AIM-9 “响尾蛇”导弹具有近距格斗能力，能全方向、全高度、全天候作战，是第一款以红外线作为导引设计，也是第一款有击落目标纪录的空对空导弹。AIM–9 “响尾蛇”导弹大多采用了 Mk 36 无烟发动机作为动力系统，由于导弹飞行时没有明显的尾迹，敌机飞行员很难通过肉眼发现。

F-35 战斗机正在发射 AIM-9“响尾蛇”导弹

服役记录

美国海军第一个接收“响尾蛇”导弹的单位是部署在大西洋舰队“伦道夫”号航空母舰上的 VA–46 中队。这个中队于 1956 年 7 月正式在 F9F“黑豹”战斗机上使用“响尾蛇”导弹。同年 8 月，太平洋舰队“好人理查德”号航空母舰上的 VF–211 中队也接收了第一批“响尾蛇”导弹。除美国外，还有 50 多个国家装备了“响尾蛇”导弹。

挂于机翼外侧的 AIM-9“响尾蛇”导弹

衍生型号

型 号	特 点
AIM-9A	生产数量大约 3500 枚，服役时间很短
AIM-9B	美国海军和美国空军在越南战争时的主力空对空导弹之一
AIM-9C	半主动雷达导引
AIM-9D	有着最新的导向装置及飞控系统
AIM-9E	将寻标器攻击角度提高至 16 度、感应范围增至 40 度
AIM-9G	增加扩搜寻模式
AIM-9H	追踪速率则提升到每秒 20 度
AIM-9J	双三角翼构型，并强化控制翼结构部分，强化引信部威力
AIM-9L	AIM-9 家族中第一种具备全方位攻击能力的红外线导引导弹
AIM-9M	采用 Mk 36 Mod5 低烟发动机、WGU-4E/B 寻标器等

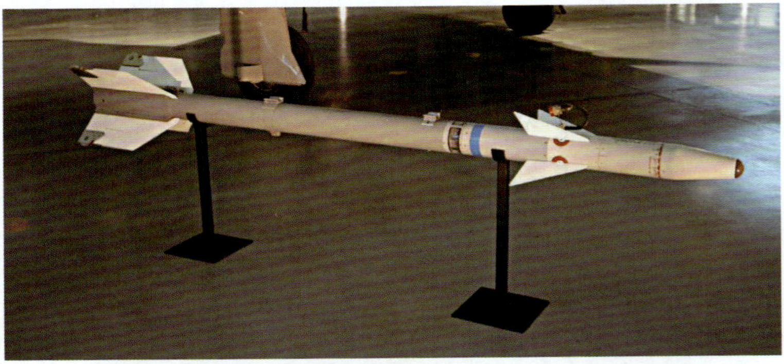

AIM-9E 导弹

10 秒速识

AIM-9 “响尾蛇”是一个直径为 127 毫米的圆筒状导弹，有一个十字梯形翼，尾翼后面边缘装着滚筒装置。

AIM-9 “响尾蛇”导弹弹头特写

美国 AIM-54“不死鸟”空对空导弹

AIM-54“不死鸟”（Phoenix）是全世界第一种主动雷达制导的空对空导弹。

基本参数	
长度	4 米
直径	0.38 米
翼展	0.91 米
重量	450 ～ 470 千克
速度	5 马赫
有效射程	190 千米

研发历史

AIM-54 与 AWG-9 射控系统的发展初始是准备使用在海军的 F-111B 拦截机上，当 F-111B 被美国国会删除研发经费而不得不终止之后，美国海军将这两个系统转移到 F-14 计划当中，AIM-54 因此成为历史上第一种正式服役的主动雷达制导空对空导弹。1965 年导弹展开飞行测试，这个过程长达 7 年，1972 年美国海军同意进入生产阶段，第一枚 AIM-54A 于 1974 年正式服役，大约有 2500 枚 A 型导弹装备部队。

挂载有 6 枚 AIM-54“不死鸟”导弹的战机

弹体构造

受限于早期电子技术以及射程技术，AIM–54 的体型相当庞大，AIM–54 的弹头重达 60 千克。AIM–54A 型是连续杆而 C 型采用高爆破片设计，引信有撞击和近发两种。AIM–54C 利用电子技术的进步大幅提升 A 型的设计与性能。改良的部分包含新的固态寻标头收发单元，可编程化数字信号处理器，数字自动驾驶仪以及简化版的惯性制导系统等。导弹改用摩托罗拉公司生产的 DSU–28C/B 引信以强化在不同高度正确引爆的能力。

AIM-54“不死鸟”空对空导弹示意图

性能解析

AIM-54 导弹使用范围较广，可全天候使用，受自然环境影响小。除此之外，AIM-54 能在任意高度上拦截战斗机、轰炸机和巡航导弹。“不死鸟”导弹共有四种制导方式：连续数据半主动制导、采样数据半主动制导、主动制导和对干扰源寻的。在截击过程中，通常采用混合制导方式以获得最佳攻击效果。

AIM-54“不死鸟”导弹后侧方特写

服役记录

由于操作重量的限制以及对于飞机阻力产生极大的影响，美国海军极少携带 AIM-54 导弹执行一般性的巡逻任务。1999 年 1 月 6 日的南方守望行动期间，F-14D 战斗机对两架伊拉克米格 -25 战斗机发射了两枚 AIM-54 导弹，但这两枚导弹都因发动机故障而没有击中目标。

伊朗空军在 1980 年两伊战争中曾有数次使用 AIM-54 导弹击落伊拉克飞机的纪录，截至 2006 年，伊朗是世界上唯一装备 AIM-54 导弹的国家。

挂载于 F-14 战机上的 AIM-54“不死鸟”导弹

衍生型号

型号	特点
AIM-54A	“不死鸟”系列导弹的第一个型号
AIM-54B	使用无液体的液压系统
AIM-54C	增强了拦截巡航导弹的能力
AIM-54 ECCM	增强了电子反干扰的能力

发射中的 AIM-54“不死鸟”导弹

10 秒速识

AIM-54 导弹采用尖卵形弹头、圆柱形弹体，弹径较大，比一般空对空导弹粗大许多。该导弹采用二组各 4 片控制翼面，第一组安装于弹体底端，矩形，尾端较小。第二组靠近第一组安装，呈三角形，弦长较大，翼展较小，前缘起点位于弹体中部。

展览中的 AIM-54 “不死鸟”导弹

美国 AIM-120“监狱”空对空导弹

AIM-120“监狱”（Advanced Medium-Range Air-to-Air Missile，AMRAAM）是美国现役的一款主动雷达导引空对空导弹。

基本参数	
长度	3.7 米
直径	0.18 米
翼展	0.53 米
重量	152 千克
速度	4 马赫
有效射程	120 千米

研发历史

AIM-120 是美国与几个欧洲北约成员国关于发展空对空导弹及分享相关生产技术协议的产物。根据该协定，美国负责开发下一代中距离空对空导弹，也就是 AIM-120 导弹，北约欧洲成员国负责开发下一代短程空对空导弹——AIM-132 先进短程空对空导弹。该协议的终止最后导致欧洲发展一种跟 AIM-120 竞争的“流星”（MBDA）导弹，美国则继续升级 AIM-9“响尾蛇”导弹。经过持续开发，AIM-120 导弹在 1991 年 9 月开始部署。

F-22 战斗机发射 AIM-120“监狱”导弹

弹体构造

AIM-120 使用两段式导引拦截远距离目标。发射时将目标的动态和导弹发射的位置输入 AIM-120 中，AIM-120 利用导弹内的惯性导航系统（INS）和资讯来拦截目标。机载雷达、红外线搜索追踪装置（IRST）、联合战术情报发布系统（JTIDS）或是空中预警管制机（AWACS）都能提供目标的动态。如果持续追踪目标，AIM-120 导弹内目标的资讯也会同时更新。AIM-120 会根据目标速率、方向的改变，修正拦截路线，使目标能成功地进入导弹主动雷达的侦测距离，进行自我归向导引。

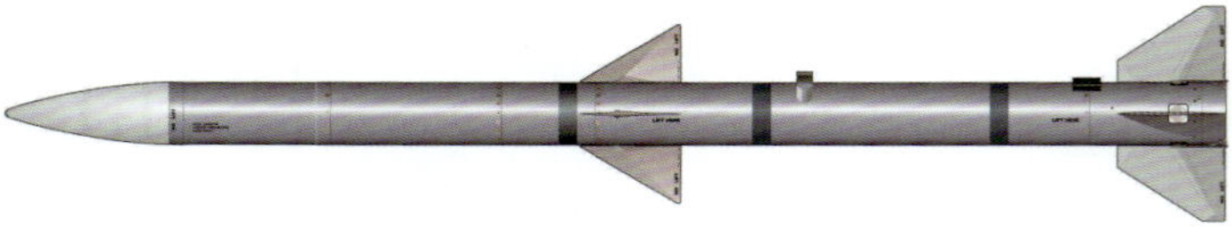

AIM-120“监狱”导弹示意图

性能解析

AIM-120 具有全天候、超视距作战的能力，能够增强美国和其盟友未来在空战中的优势。AIM-120 比以往的导弹更小、更轻、飞得也更快，更能有效地对付低空目标。其内部整合的主动雷达、惯性基准元件和微电脑设备也减少了 AIM-120 对载具火控系统的依赖性。一旦导弹接近目标，AIM-120 将会启动本身的主动雷达拦截目标。

满载 10 枚 AIM-120 的 F/A-18 战斗机

服役记录

AIM−120 导弹 3 个衍生型都在美国空军和美国海军服役。AIM−120A 已不再生产，AIM−120B 于 1994 年开始交付，AIM−120C 于 1996 年开始交付。AIM−120C 自从推出后便一直逐步升级，2003 年成功完成测试。

F-35 战斗机发射 AIM-120 导弹

衍生型号

型号	特点
AIM-120A	换装 WDU-33/B 高爆破片弹头
AIM-120B	换装新型 WGU-41/B 寻标器、新型数位处理器
AIM-120C	换装缩小型弹翼
AIM-120D	计划升级的版本，强化大角度离轴攻击能力

F-15 战斗机发射 AIM-120“监狱”导弹

10 秒速识

AIM-120 导弹采用大长细比、小翼展、尾部控制的正常式气动外形布局，各个型号的外形略有差异。

AIM-120“监狱”导弹前侧方特写

美国 AIM-132“阿斯拉姆”空对空导弹

AIM-132“阿斯拉姆”（Advanced Short Range Air-to-Air Missile，ASRAAM）导弹是由欧洲导弹集团设计的短程空对空导弹，与美国联合生产。

基本参数	
长度	2.9 米
直径	0.166 米
翼展	0.45 米
重量	88 千克
速度	3.5 马赫
有效射程	15 千米

研发历史

1980 年，北大西洋公约组织的国家签订了协议备忘录，美国将发展一系列中距离空对空导弹（AIM-120 先进中程空对空导弹）以取代 AIM-7“麻雀”导弹，而英国和德国将发展一种近程空对空导弹以取代 AIM-9“响尾蛇”导弹。AIM-132 于 1982 年由欧洲几个国家联合研制，美国也参与到生产过程之中，1998 年 1 月该导弹正式服役交付英国皇家空军。2003 年导弹的生产和后续开发工作交由新成立的欧洲导弹集团（MBDA），同时获得正式的北约识别代号：AIM-132。

“台风”战斗机正在发射 AIM-132“阿斯拉姆”导弹

弹体构造

AIM–132 弹体采用模块式舱段结构，从前到后分为 4 个舱段：导引头舱，内有位标器、传感器、制冷装置和结构组件；电子和引信战斗部舱，内装电子器件和电源、近炸引信、战斗部和结构组件；固体火箭发动机舱；舵机舱。AIM–132 动力装置为一台两级推力固体火箭发动机。药柱燃烧时间为 15 秒。第一级药柱燃烧后产生的推力使导弹离开载机上的发射架。第二级药柱燃烧产生的推力使导弹能在很高的速度上飞行去攻击目标。

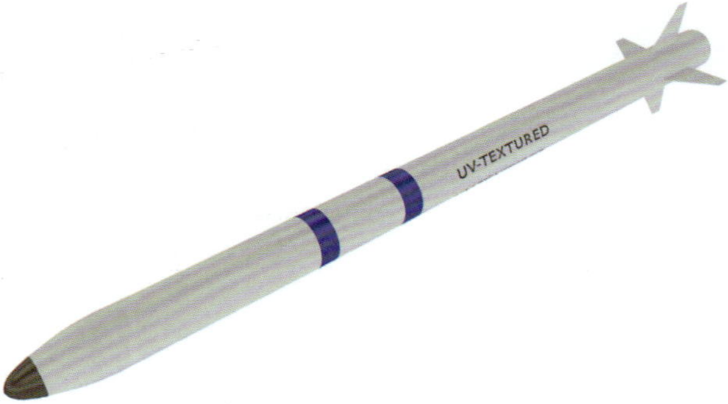

AIM-132“阿斯拉姆”导弹示意图

性能解析

AIM–132 导弹能对目标实施全向攻击，导弹重量轻、机动过载大，可同时发射多枚导弹去攻击多个目标，使用时操作简单，导弹发射后还具备较强的发现、鉴别、锁定目标的能力，能选择合适的命中点，有较强的抗自然干扰、人为干扰的能力。

挂载于 F/A-18 战斗机上的 AIM-132“阿斯拉姆”导弹

服役记录

AIM–132“阿斯拉姆”空对空导弹目前主要服役于英国皇家空军和澳大利亚空军。

台风战斗机挂载的两枚 AIM-132“阿斯拉姆”导弹

10 秒速识

AIM–132 导弹弹体为一细长圆柱体，头部为半球形。在弹体尾部有 4 个同心安装、呈 X 配置的稳定尾翼，沿弹体方向配置 3 个弹耳。

AIM-132“阿斯拉姆”导弹前侧方特写

俄罗斯 R-27 空对空导弹

R-27 是苏联于 20 世纪 70 年代中期开始研制的半主动雷达制导空对空导弹，北约命名为 AA-10“阿拉莫”（Alamo）。

基本参数	
长度	4.08 米
直径	0.23 米
翼展	0.72 米
重量	253 千克
速度	4.5 马赫
有效射程	80 千米

研发历史

R-27 是三角旗设计局于 20 世纪 70 年代中期研制的中程空对空导弹，其目的是用来取代老旧的 K-13 和 R-23 系列导弹以配备在米格 -29、苏 -27 等战斗机上。与先前的苏制导弹相同，R-27 有雷达制导型和红外线制导型两大系统，自 1982 年服役以来至少已推出 7 种型号，成为一种广泛使用的空对空导弹。

米格 -29 战斗机发射 R-27 导弹

弹体构造

R-27 导弹最早的三种型号是 R-27R,R-27T 和 R-27P，其中 R-27R

是半主动雷达制导、R–27T 由红外线制导，R–27P 是被动无线电制导。后来为了适应现代超视距空战的需要，设计师又增大了 R–27 导弹的射程，衍生出 R–27ER 和 R–27ET。冷战结束后，三角旗设计局还打算研制一种使用主动雷达制导的 R–27AE，但迄今为止这种导弹尚处于概念阶段。

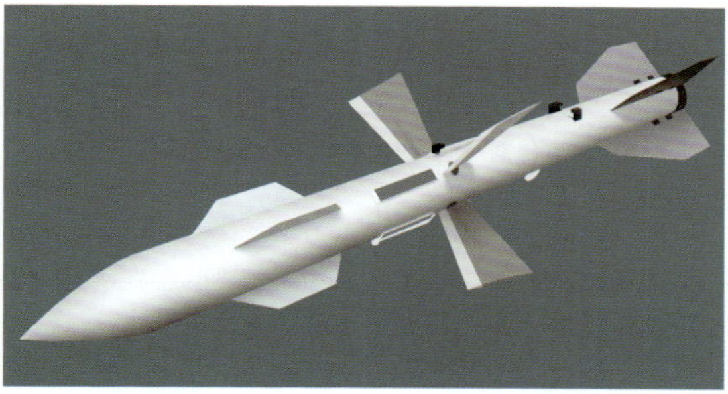

R-27 导弹示意图

性能解析

R–27 的寻的头有半主动雷达型、主动雷达制导型和红外线型三种，无论配备哪种寻的头，R–27 发射后初期都以惯性飞向目标，中段制导则以资料链对弹道进行修正，末段制导由导弹寻的头进行控制，能有效攻击飞行高度在 20 米至 27 千米高度的目标。R–27 的基本型可从 7000 米至海平面高度发射，增程型的最大发射高度增至 9000 米，其最大射程因发射空域而有所不同，对低空目标的最大有效射程约 20 千米，对付中、高空目标则增为 40 千米以上。

配备在苏 -27 战斗机上的 R-27 导弹

服役记录

R-27 导弹于 1987 年开始服役。2000 年 5 月 16 日，埃塞俄比亚与厄立特里亚发生空战，双方对射数十枚 R-27 导弹均未命中，导致各 R-27 导弹使用国向俄罗斯提出抱怨，要求以更精准的导弹来代替。

R-27 导弹前侧方特写

衍生型号

型 号	特 点
R-27T	中距惯性指挥修正暨红外线制导型
R-27PS	特种短距红外线制导型
R-27R	中距惯性指挥修正暨半主动雷达制导型
R-27ET	R-27T 的增程型
R-27ER	R-27R 的增程型
R-27EA	远距惯性指挥修正暨主动雷达导引型
R-27EM	远距惯性指挥修正暨半主动雷达导引型

保存在博物馆中的 R-27 导弹

10 秒速识

R–27 的外形极具特色，弹体中段的 4 片大型倒梯形弹翼构成主要的控制面，搭配寻的头段是 4 片梯形稳定翼，弹体末段是 4 片固定式双三角尾翼。

展览中的 R-27 导弹

俄罗斯 R-33 空对空导弹

R-33 是苏联研制发展的一种长程空对空导弹，北约代号 AA-9 “阿摩司”（Amos）。

基本参数	
长度	4.14 米
直径	0.38 米
翼展	1.12 米
重量	490 千克
速度	4.5～6 马赫
有效射程	120 千米

研发历史

20 世纪 80 年代初，为进一步提高远程空对空导弹的机动能力，三角旗设计局研制出了 R-33 导弹。R-33 是苏联为米格－31 截击机专门研制的远程空对空导弹，于 1982 年开始服役。R-33 是目前世界上现役的质量最大、射程最远的空对空导弹。

挂载于战机下的 R-33 导弹

弹体构造

R–33 导弹采取复合制导方式，初始段和中段采取惯性制导和无线电指令制导，而到了末端，则由机载雷达提供连续波制导信号引导导弹击中目标。

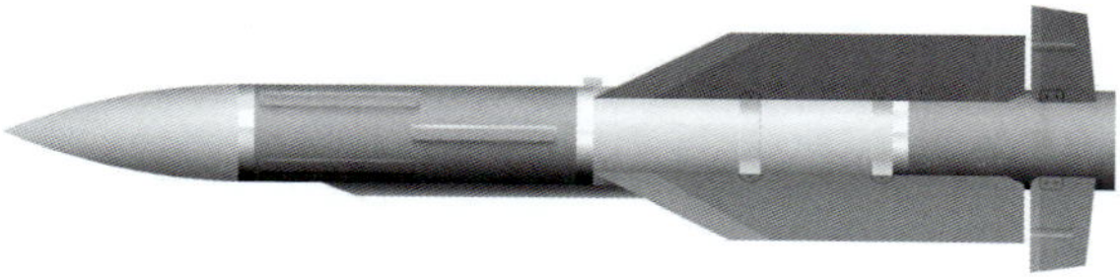

R-33 导弹示意图

性能解析

R–33 导弹可用于简单和复杂气象条件下，在有自然和电子干扰和以地面为背景的情况下，能够全方位攻击各种机动目标和非机动目标，如飞机、直升机以及巡航导弹。

展览中的 R-33 导弹

服役记录

R–33 导弹目前仍在独联体和俄罗斯空军服役，但是迄今为止米格 –31 战斗机和 R–33 导弹没有参加过一场实战。俄罗斯军事工业于 2011 年 9 月初展出了 R–33 导弹的最新改进型号。过去 R–33 仅用于装备米格 –31 战斗机。而经过改进的 R–33 可用于各型战斗机，其射程也由早期型号的 120 千米大幅提升至 200 千米，同时还配备了新型的制导雷达。

米格-31 战斗机试射 R-33 导弹

10 秒速识

由于拦截目标和性能要求和 AIM-54 “不死鸟”类似，R-33 导弹的外形与 AIM-54 导弹十分相像，但和 AIM-54 的主动雷达导引不同，R-33 是半主动雷达导引。

R-33 导弹前方特写

俄罗斯 R-37 空对空导弹

R–37 是苏联三角旗设计局研制的一种远程空对空导弹，北约代号为 AA–13 “箭”（Arrow）。

基本参数	
长度	4.2 米
直径	0.38 米
翼展	0.7 米
重量	600 千克
速度	6 马赫
有效射程	150 ～ 398 千米

研发历史

R–37 于 20 世纪 80 年代末由三角旗设计局开始研制，是在 R–33 空对空导弹的基础上改进而来。R–37 空对空导弹担负的任务与 R–33 空对空导弹不同，主要是远程攻击、侦察和监视平台，以及信息战 / 电子战平台。

R-37 导弹侧方特写

弹体构造

R–37 空对空导弹采用常规气动布局，弹体中部安装大型导流片以提高导弹的升力，弹翼的位置相对于 R–33 而言比较靠前。R–37 空对空导弹采用玛瑙设计局的 9B–1388 主动导引头，能在 40 千米外命中 5 平方米大小的目标。

R-37 导弹示意图

性能解析

R–37 空对空导弹的射程能够根据飞行剖面不同而不同，直接攻击时射程为 150 千米，以巡航滑行剖面飞行时射程为 398 千米。在 1994 年的一次试验时，R–37 导弹击中了 300 千米以外的目标，创下远程导弹的攻击距离纪录。

发射中的 R-37 导弹

服役记录

R–37 空对空导弹主要装备俄罗斯米格 –31BM 改进型截击机和出口至叙利亚的米格 –31 战斗机。

米格 -31 战斗机发射 R-37 导弹

10 秒速识

R–37 导弹弹翼的平面形状为前缘后掠角很大的扁梯形，尾翼为 4 片呈 X 形配置的矩形翼，可折叠。

R-37 导弹侧方特写

俄罗斯 R-40 空对空导弹

R-40 是苏联于 20 世纪 60 年代为米格 -25 战斗机研制的远程空对空导弹，北约将其命名为 AA-6“毒辣”（Acrid）。

研发历史

基本参数	
长度	6.23 米
直径	0.31 米
翼展	1.45 米
重量	475 千克
速度	2.2 ～ 4.5 马赫
有效射程	50 ～ 80 千米

20 世纪 70 年代初期，三角旗设计局研制出一种专门用于拦截高空目标的 R-40 远程空对空导弹。该弹于 1969 年投入生产，1970 年开始装备米格 -25 战斗机。西方和北约集团按照自行确定的对苏联武器装备的命名规则，将该导弹命名为 AA-6“毒辣”(Acrid)。

挂载于战机上的 R-40 导弹

弹体构造

R–40 在结构上采用舱段布局，从前到后为：导引头、舵机和能源、战斗部和引信、主发动机、助推发动机和指令接收装置。该导弹采用两级式固体火箭发动机，主发动机在前，两个排气喷口位于发动机舱后部的弹体两侧，与相邻弹翼的后缘平齐。助推发动机舱位于弹体后部，用于导弹发射时使之加速。

R-40 导弹示意图

性能解析

R–40 导弹专门用于拦截高空目标，它可以攻击飞行高度 30 千米、飞行速度 3500 千米 / 时的目标。R–40 空对空导弹配备的导引头有半主动雷达和红外线两种，可在地面互换。

米格 -25 战斗机与 R-40 导弹

服役记录

R–40 空对空导弹 1970 年开始服役，主要用于装备米格 – 25 及米格 –

31战斗机。该弹于1991年停产，至今仍在俄罗斯和各出口国家的空/海军服役。

R-40 导弹局部特写

10 秒速识

R–40 空对空导弹采用鸭式气动外形，4 片小切梢三角形控制舵面装在弹头后部，4 片大切梢三角形弹翼装在弹体后部。两个大的边条形无线电接收天线装在弹翼正前方的弹体两侧，一个后视无线电接收天线装在导弹的流线型尾部的正下方。

R-40 导弹前侧方特写

俄罗斯 R-60 空对空导弹

R-60 是苏联三角旗设计局研制的红外线制导短程空对空导弹，属于第三代苏制空对空导弹，北约代号为 AA-8“蚜虫”（Aphid）。

基本参数	
长度	2.09 米
直径	0.12 米
翼展	0.39 米
重量	43.5 千克
速度	2.5 马赫
有效射程	8 千米

研发历史

R-60 导弹是苏联为了配合米格 -23 战斗机而研制的红外线导引短程空对空导弹，北约代号是 AA-8“蚜虫”。从其外形尺寸和发射重量看，它堪称是世界上战斗机使用的最小的空对空导弹。该导弹 1971 年开始大规模试验，1974 年装备部队。

展览中的 R-60 导弹

弹体构造

R–60 空对空导弹采用短程空对空导弹最常用的红外线导引，最初只能锁定在飞机后方，后来推出可以全方位锁定的型号。R–60 导弹第一部分是红外线搜索系统，第二部分安装有弹头，第三部分是保险丝装置、自动驾驶仪，第四部分是无线电低空爆炸信管和能源提供装置，第五部分是 PRD–259 固体推进器发动机。

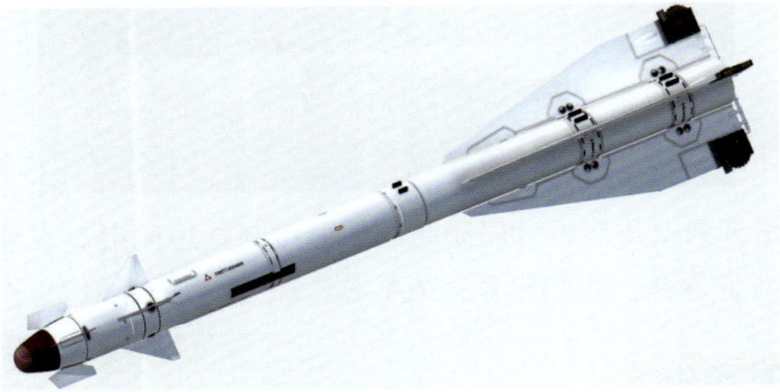

R-60 导弹示意图

性能解析

R–60 空对空导弹重量轻巧，几乎所有苏联战机都可携带，能够通过使用两发齐射战术攻击机动目标，但缺点是战斗部的炸药量较少，即使命中敌机也不能保证将其击落。

R-60 导弹前侧方特写

服役记录

在苏联空军中的米格 –21、米格 –23、米格 –29、苏 –15、苏 –24、苏 –25 各种战斗机和对地攻击机，以及米 –24 武装直升机都装备有 R–60 导弹。

米格 -29 战斗机挂载的 R-60 导弹

10 秒速识

R–60 空对空导弹采用双鸭式气动布局，头部有 4 片矩形固定鸭翼，其后有 4 片三角形活动舵面，尾部有 4 片三角形切梢弹翼，每片弹翼后缘各有一个横滚稳定用的陀螺舵。

R-60 导弹后方特写

俄罗斯 R-73 空对空导弹

R-73 是由苏联三角旗设计局开发的一种先进的短程空对空导弹，北约代号为 AA-11 “箭手” （Archer）。

基本参数	
长度	2.93 米
直径	0.165 米
翼展	0.51 米
重量	105 千克
速度	2.5 马赫
有效射程	40 千米

研发历史

1973 年，苏联空军除第四代中程空对空导弹外，还需要一种新型短程格斗导弹，据分析，新一代导弹必须具备高机动性和全面攻击性能。1974 年 7 月，三角旗设计局开始研制 R-73 空对空导弹，1976 年完成概念设计，1985 年 R-73 导弹定型服役。R-73 被赋予 K-73E 的名称被出口到国外。1988 年首次被运送到东德。在西方的命名法中，这种导弹被称作 AA-11" 射手 "，被普遍认为是最难以对付的现代空战武器之一。

苏 -35 战斗机挂载的 R-73 导弹（机翼外侧）

弹体构造

R–73 的第一部分是一系列传感器、稳定器和控制平面在导弹前端形成的典型“瘦圆锥”结构。在第二部分前端，空气动力控制面和与之连通的空气动力连接器为操纵发动机服务。这个装置位于自动驾驶仪和无线电近发引信装置之后。第三部分是一个固体推进剂发电机。它促使流体送到空气动力控制调节器并且通过气体管道进入主体。这可以使安装在导弹尾部的补助翼和排气叶片工作。第四部分由一个伸缩弹头组成：弹头内是一个安全保险装置。第五部分是一个单一模式的固体推动剂电动机。导弹的尾部由补助翼的驱动器和空气动力叶片组成。

R-73 导弹示意图

性能解析

R–73 是一种高机动性导弹，可由佩戴头盔瞄准具的飞行员以目视的方式锁定目标，最小的攻击范围约 300 米，在同高度下最大射程达 30 千米。它在距发射轨 60 度角可进行有效攻击，而且可在亚音速和超音速情况下发射。

挂于机翼外侧的 R-73 导弹

服役记录

第一枚 R-73 导弹于 1985 年服役，1990 年两德合并后，西方获得了配属给东德米格 -29 战斗机的 R-73。在测试中，R-73 在各个方面都优于美国的 AIM-9“响尾蛇”导弹，因此促进了 AIM-9 和其他短程空对空导弹的发展。米格 -29、苏 -27、苏 -32 和苏 -35 战机都携带过 R-73 空对空导弹。该导弹也可被俄罗斯攻击直升机所配备。

展览中的 R-73 导弹

10 秒速识

R–73 空对空导弹采用鸭式气动布局，弹翼上采用稳定副翼，弹翼前采用前升力小翼，弹翼和舵面位置呈 X 形。除了发动机是钢铁制成的以外，大部分机身用铝合金材质。除了后面几部分用凸缘结合连接外，其余部分都用插销连接。

R-73 导弹尾部特写

俄罗斯 R-77 空对空导弹

R-77 是俄罗斯制造的一种主动雷达制导全向全天候中程空对空导弹，北约代号为 AA-12“蝰蛇”（Adder）。

基本参数	
长度	3.6 米
直径	0.2 米
翼展	0.35 米
重量	175 千克
速度	4 马赫
有效射程	80 千米

研发历史

20 世纪 90 年代初，为进一步提高导弹机动能力和抗干扰能力，三角旗设计局推出了 R-77 导弹（西方国家称之为 AA-12)。1994 年 R-77 导弹开始小批量生产，直到 90 年代中期三角旗设计局开始自行组织批量生产出口型 R-77 导弹，代号为 RVV-AE，使用改进型自导弹头。

挂载 R-77 导弹（机翼内侧）的 T-50 战斗机

弹体构造

R–77 导弹装有自主式雷达寻的制导系统。导弹的制导分两个阶段：初始制导阶段，其制导距离可达导弹飞行轨迹的 80%，由弹载计算机按导弹载机于发射导弹前发给导弹的目标飞行参数，按无线电修正路线于飞行的过程中进行运算，从而使导弹由惯性制导到目标；自主制导阶段是自主雷达寻的制导系统捕获雷达照射的目标。

R-77 导弹示意图

性能解析

R–77 导弹在简单和复杂气象条件下，在敌人进行电子干扰的情况下，无论是在以地面还是以海面为背景的条件下，都可以全方位攻击任何空中目标，其中包括高机动性战斗机，对地攻击机和直升机。

R-77 导弹后方特写

服役记录

目前，俄罗斯国防空军中的米格 –29 和苏 –27 战斗机均装备有 R–77 导弹。三角旗设计局正在实施 R–77 主动雷达制导中距空对空导弹的中期寿命改进计划，以便全面提高该导弹的性能。印度从 1996 年开始从俄罗斯购进超过 2000 枚 R–77 导弹，目前已经有 1000 枚交付完毕。

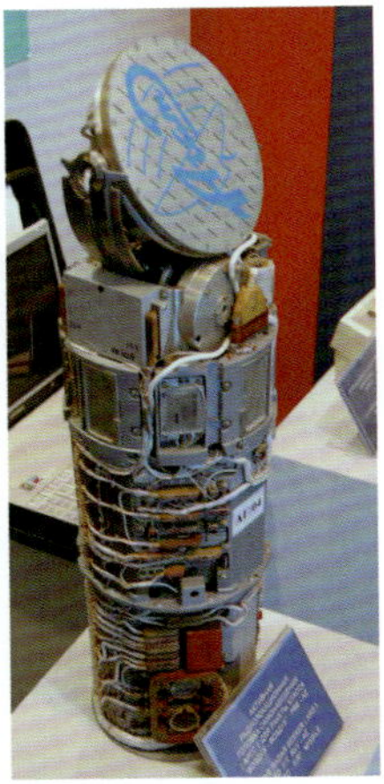

R-77 导弹使用的导引头

10 秒速识

R–77 空对空导弹采用舵面位于弹翼后的传统气动力布局，弹翼和舵面呈 X 形。弹体由 8 个舱组成。舵面为不可拆卸式超小型展弦比弹翼和可折叠式格栅舵面，每一舵面由单独的传动电动机自主传动。

R-77 导弹前侧方特写

以色列“怪蛇”3 型空对空导弹

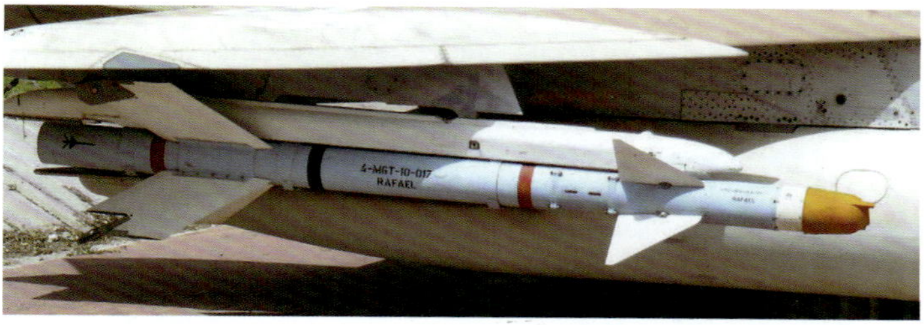

“怪蛇”3 型（Python 3）导弹是以色列拉斐尔公司研制的短程空对空导弹。

基本参数	
长度	3.1 米
直径	0.16 米
翼展	0.64 米
重量	103.6 千克
速度	4 马赫
有效射程	20 千米

研发历史

“怪蛇”3 型导弹是拉斐尔公司在“蜻蜓”2 型导弹基础上改进发展的短程空对空导弹，1975 年开始设计，1981 年交付样弹，同年 6 月在巴黎航展上首次露面。1983 年投入批量生产，1984 年开始向国外大量出口。

“怪蛇”3 型导弹后侧方特写

弹体构造

“怪蛇”3型空对空导弹采用新设计的破片式高能炸药战斗部，重量为11千克。红外导引头采用氮制冷的锑化铟探测元件，大大提高了导弹制导系统的灵敏度，实现了导弹的全向攻击。

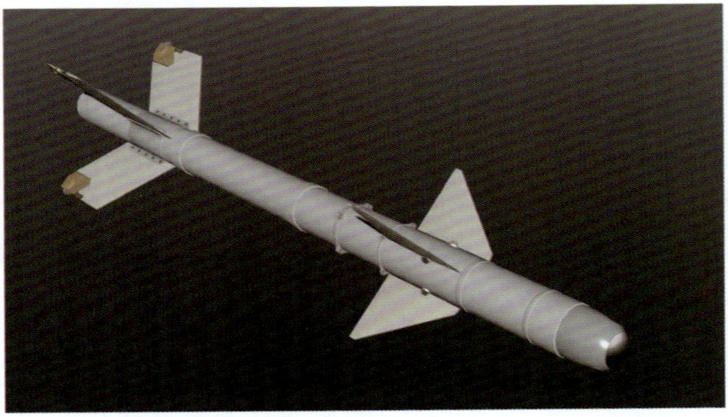

“怪蛇”3型空对空导弹示意图

服役记录

“怪蛇”3型空对空导弹于1982年开始服役，同年年中首次用于中东“贝卡谷之战”并取得命中50发的战绩，1985年单价12.7万美元，目前仍在生产。

10 秒速识

“怪蛇”3 型空对空导弹采用三角形鸭式舵面，平行四边形的弹翼较以色列早期的“蜻蜓”系列导弹明显加大，在每个弹翼的翼尖上装有陀螺舵，使导弹在横滚时以保持稳定。

“怪蛇”3 型导弹前侧方特写

“怪蛇”3 型导弹前方特写

以色列“怪蛇”4空对空导弹

“怪蛇”4（Python 4）是以色列拉斐尔公司研制的短程空对空导弹。

研发历史

基本参数	
长度	3米
直径	0.16米
翼展	0.5米
重量	120千克
速度	3.5马赫
有效射程	15千米

20世纪70年代末至80年代中期，以色列拉斐尔公司开始研制“怪蛇”4空对空导弹。80年代末开始对其进行评估试验，1992年开始装备以色列空军。目前国际上普遍认为“怪蛇”4导弹是当今世界上已在第一线使用的性能最好的红外制导近距空对空导弹。

挂载于F/A-18战斗机的“怪蛇”4导弹

弹体构造

“怪蛇”4 装有万向支架安装的双波段红外导引头，能使它以大至 60° 的离轴角在发射前后截获目标并跟踪目标。内部容积的增加基本上都用在火箭发动机上，双速固体火箭发动机可使“怪蛇”4 导弹离开发射轨道后作快速的改变矢量的飞行，接着是快速进行攻击。

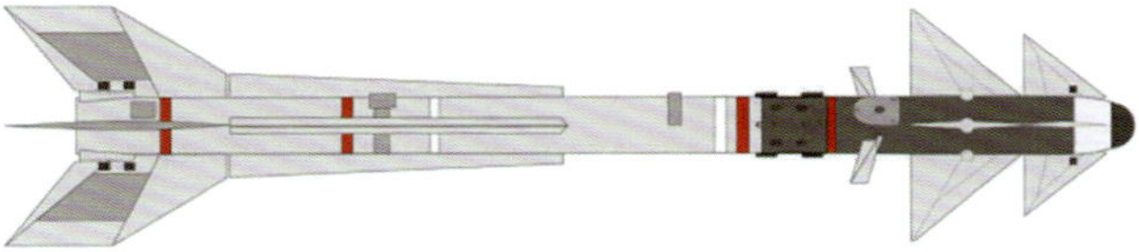

“怪蛇”4 导弹示意图

性能解析

“怪蛇”4 的特点是控制面很多，其高机动性是通过其总共 18 个气动面的协调工作而实现的。如果“怪蛇”4 失去迎头攻击的机会，还具有足够的能量和控制能力改变攻击方向，并开始尾追攻击。该导弹抗红外干扰能力强，可成功避开曳光弹。

挂于 F-5 战斗机机翼外侧的“怪蛇”4 导弹

服役记录

“怪蛇”4 导弹目前主要装备于 F-16 战斗机，2003 年开始向国际市场销售。

10秒速识

“怪蛇”4和AIM-9“响尾蛇”的个头差不多，而且在稍微改装内部电子元件之后，两者可以做到发射挂架通用兼容。此外，“怪蛇”4还装备有一个DASH头盔瞄准具，以显示数字化的空战界面并支持导弹进行±90度离轴发射。

“怪蛇”4导弹前侧方特写

以色列“怪蛇”5 空对空导弹

“怪蛇”5（Python 5）导弹是以色列拉斐尔公司研制的短程空对空导弹。

基本参数	
长度	3.1 米
直径	0.16 米
翼展	0.64 米
重量	105 千克
速度	4 马赫
有效射程	20 千米

研发历史

“怪蛇”5 导弹的正式研制工作始于 1997 年，研制中最重大的决定之一是新导弹采用“怪蛇”4 导弹的空气动力结构，“怪蛇”5 运用了当今空对空导弹领域最先进的技术，并经过长期研究和试验后制成。2003 年 6 月，以色列公布了“怪蛇”5 导弹的性能。2006 年，新导弹正式服役。

“怪蛇”5 导弹头部特写

弹体构造

“怪蛇”5导弹惯性导航单元采用了以色列飞机工业公司（IAI）新研制的光学纤维陀螺仪，头盔瞄准具或者载机雷达只需向惯性导航装置输入目标的大概位置，导弹就能发射。除此之外，“怪蛇”5采用双波段焦平面阵列导引头和先进的制导算法，能在下视、不良背景和云层条件下拦截小型目标。

“怪蛇”5导弹示意图

性能解析

新技术的应用提高了“怪蛇”5导弹的机动性和发射能力，它可以在任何角度攻击目标，包括向后发射能力。无论目标作何种规避动作或采用何种干扰措施，“怪蛇”5都能保持最高的杀伤率和极好的抗干扰能力，是最具威力的空中杀手。

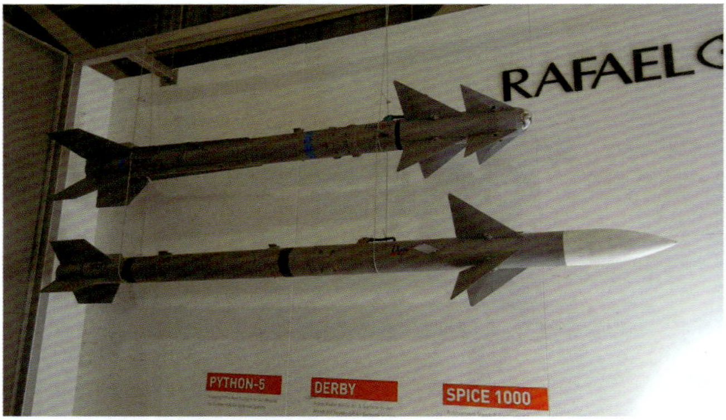

“怪蛇”5导弹（上）和“德比”导弹（下）

服役记录

“怪蛇”5 导弹主要装备以色列国防军，最初投入实战是在 2006 年的黎巴嫩战争中。

挂载于战机上的“怪蛇”5 型导弹（机翼中间）

10 秒速识

“怪蛇”5 导弹采用“怪蛇”4 导弹的空气动力结构，其导引头为锑化铟材料，使用焦面阵红外探测器组成红外成像器，战斗部采用了和“怪蛇”4 类似的激光近炸引信。

“怪蛇”5 导弹（上）

法国“米卡”空对空导弹

“米卡”（MICA）是法国马特拉公司研制的先进的中程空对空导弹，也译为“云母”导弹。

基本参数	
长度	3.1 米
直径	0.16 米
翼展	0.61 米
重量	112 千克
速度	4 马赫
有效射程	50 千米

研发历史

“米卡”原本是马特拉公司专为法国空军的“幻影 2000”战斗机研制的中近程空对空导弹。1981 年年底，“米卡”导弹的研制工作正式展开。1983 年 10 月，“米卡”进行导弹无制导地面试射，1985 年年初便完成了可行性验证，进入制造阶段。1990 年春开始用“幻影 2000”战斗机进行载飞和试射，到 1992 年 1 月共进行 20 多次地面和空中试射。1995 年，“米卡”导弹空中试射成功。1997 年，“米卡”定型。

挂载于“阵风”战斗机上的“米卡”导弹

弹体构造

“米卡”的优点在于模块化的结构，采用了推力矢量控制技术拥有更大的杀伤区域和不可逃区域。在导弹发射后的几秒钟内，由于空气动力控制系统的操纵效率低，因此仅用燃气偏转装置进行推力矢量控制，当导弹达到超音速后，两者才能共同控制导弹的飞行。根据制导方式的不同，“米卡”分为两种型号——“米卡”主动雷达制导型（“米卡”RF）和被动红外制导型(“米卡”IR)。“米卡”RF型的导引头作用距离据外界估计为15千米左右，“米卡”IR的被动红外导引头采用双频段机电扫描方案和完善的信号处理技术。“米卡”采用预制破片高爆战斗部，引信可选择触发型和雷达近炸型。

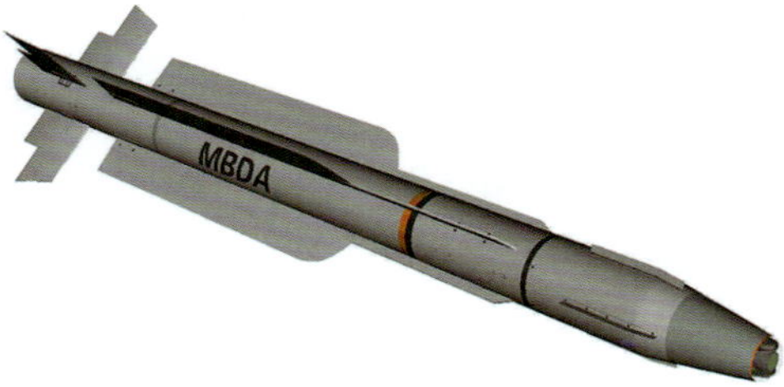

“米卡”导弹示意图

性能解析

“米卡”导弹具有较好的抗干扰能力。由于它射程远，机动性好，制导精度高，既可用于中距拦射，也可用于近距格斗。“米卡”导弹的性能足以与美国先进的中程空对空导弹一争高下。

“米卡”导弹侧面特写

服役记录

“米卡”导弹的雷达型和红外型分别于1996和2000年开始大批量生产，法国空/海军总共订购3000枚，两种型号各1500枚。截至2003年，“米卡”导弹的出口数量已经突破3000枚。

挂于机翼外侧的“米卡”导弹

10秒速识

“米卡”空对空导弹采用窄长边条式弹翼和后缘呈阶梯形的尾翼，尾喷口内装有4个燃气偏转装置。

“米卡”空对空导弹前侧方特写

法国 R530“玛特拉”空对空导弹

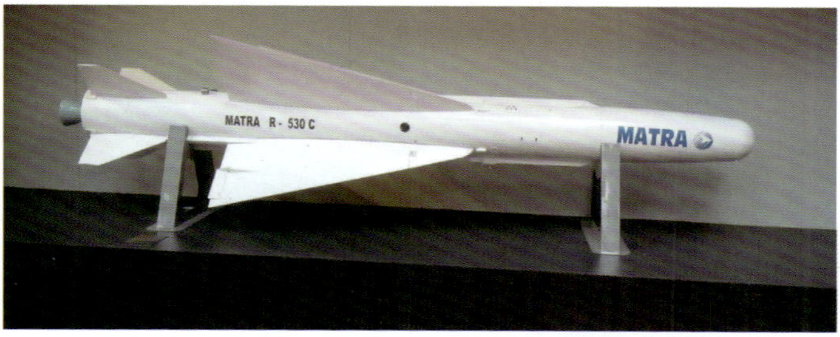

R530“玛特拉”（Matra）导弹是法国马特拉公司研制的短程空对空导弹。

基本参数	
长度	3.28 米
直径	0.263 米
翼展	1.1 米
重量	192 千克
速度	2.7 马赫
有效射程	20 千米

研发历史

20 世纪 50 年代中期，马特拉公司开始研制 R530 空对空导弹，1961 年首次进行发射试验，1962 年开始小批量生产并装备部队，1964 年投入大批量生产，1978 年停止生产，共生产 5100 枚。

装载 R530 导弹的“幻影”战斗机

弹体构造

R530 导弹弹体内部采用模块化舱段结构，分为导引头舱、控制舱、战斗部、发动机/舵机/电源舱。该导弹采用可互换使用的红外和雷达导引头，从而将导弹分为被动红外型和半主动雷达型。采用两种可互换使用的战斗部：雷达型导弹使用破片式和红外型导弹使用连续杆式。该导弹的动力装置为一台两级推力固体火箭发动机，总重 66 千克，双基药柱重 43.2 千克，第一级工作时间为 2.7 秒，第二级工作时间为 6.5 秒。

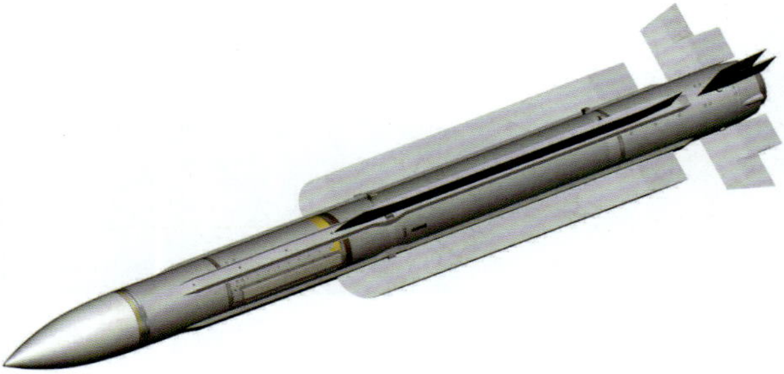

R530 导弹示意图

性能解析

R530 为第二代空对空导弹，适于全方向、全天候攻击。但因其抗干扰能力和机动能力较差，已不能适应现代空战的需要，但许多国家的空军仍在使用。

R530 导弹后侧方特写

服役记录

1963年，法国空军和海军航空兵开始装备R530"玛特拉"空对空导弹，使用该型导弹的还有黎巴嫩、巴基斯坦、南非、西班牙和委内瑞拉等国。

展览中的R530导弹

衍生型号

型号	特点
超级530	高空中距拦射导弹
超级530F	增大了速度和射程
超级530D	1987年开始服役

10秒速识

R530空对空导弹采用正常式气动外形布局，4片大后掠三角形弹翼与4片小切梢三角形尾翼呈十字形配置，并位于同一平面。

R530空对空导弹

法国 R550“魔术”空对空导弹

R550“魔术”（Magic）是法国马特拉公司研制的短程空对空导弹。

研发历史

基本参数	
长度	2.72 米
直径	0.157 米
翼展	0.66 米
重量	89 千克
速度	2.7 马赫
有效射程	15 千米

R550“魔术”是 1966 年 11 月马特拉公司根据法国空军提出的空中格斗要求开始设计的短程空对空导弹，1967 年进行可行性论证，1969 年开始研制，1970 年年底生产出样弹，1972 年 1 月在朗德试验中心开始对导弹进行各种发射试验，其中包括制导发射、模拟格斗状态下对机动目标发射以及各种使用条件下发射，共计 30 多次。1973 年开始全面研制并由“幻影”Ⅲ战斗机首次试射，1974 年法国空军装备部对导弹作了发射试验鉴定，1974 开始生产，1975 年开始服役。

R550“魔术”导弹后侧方特写

弹体构造

R550“魔术”导弹的位标器光学系统仅采用1个活动部件，即惯性很小的初级平面反射镜，使用这种平面反射镜加快扫描速度。调制器和信号处理器的设计具有抗干扰和目标分辨能力，不会跟踪背景中的假目标。“魔术”导弹从头到尾依次是红外线寻标器、控制面、弹头和固态火箭推进段。

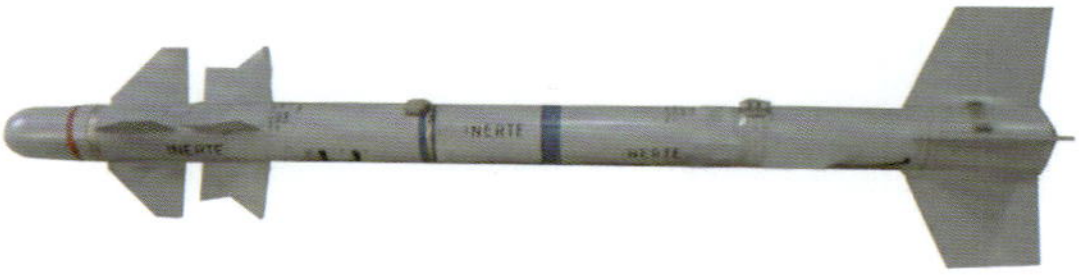

R550“魔术”导弹示意图

性能解析

R550“魔术”导弹在发射后能自由转动并使导弹在横滚时保持稳定，从而获得近距大过载发射和格斗能力，既可用于格斗，也可用于拦截。

“幻影”F1战斗机挂载的R550“魔术”导弹

服役记录

R550“魔术”导弹基本型称为“魔术”1，1985年开始服役的R550导弹称之为“魔术”2，“魔术”1导弹曾在1980年由伊拉克的苏制米格战斗机用于与伊朗的F-4和F-14战斗机的空战，并将其各击落1架，后在1982年由阿根廷空军的法制战斗机用于英阿“马岛冲突”，战果不详；“魔术”2导弹曾在1991年海湾战争中由多国部队用于攻击伊拉克飞机，后又在1995年波黑战争中使用。

挂载于幻影 2000 战斗机的 R550“魔术”导弹（右）

10 秒速识

R550“魔术”导弹采用双鸭式气动外形布局，该导弹有两组弹翼：第一组是 4 片固定式三角翼安定面，后方有另外 4 片可动控制面，负责导弹在滚转与俯仰轴上的运动。其红外导引头采用氮气制冷的锑化铟光敏元件。

R550“魔术”导弹侧方特写

欧洲“流星”空对空导弹

“流星”（Meteor）是欧洲导弹集团研制的超视距作战空对空导弹。

基本参数	
长度	3.65 米
直径	0.178 米
翼展	1.2 米
重量	185 千克
速度	4 马赫
有效射程	320 千米

研发历史

2001 年 12 月，英国、法国、德国和意大利等国的几大著名导弹公司联合成立了欧洲导弹集团（MBDA），总部设在英国伦敦。此后，欧洲导弹集团开始全力研制“流星”空对空导弹。2002 年 12 月，所有参与国都为耗费 12 亿英镑的“流星”空对空导弹完成了法律手续。2006 年 7 月 12 日，瑞典“鹰狮”战斗机首次发射“流星”导弹，试验取得了圆满成功。

展览中的“流星”导弹

弹体构造

“流星”导弹弹体主要由导引头天线罩、电子系统舱、战斗部舱以及整体式固体火箭发动机舱4部分组成。该弹采用了主动寻的雷达导引头及双向数据链技术，发动机燃气流量调节比大于10，具有相当宽的飞行包线。

“流星”导弹示意图

性能解析

“流星”导弹在相当广的空域内具有同时对付多个目标的能力，即使目标做8～9G的机动过载，“流星”导弹依然能够跟踪目标并将其摧毁。“流星”导弹具有远程防区外射程和高杀伤能力，可以配装近炸引信或触发引信，以确保在各种环境中有效毁伤目标。

挂载有“流星”导弹的“鹰狮”战斗机

服役记录

JAS 39“鹰师”“狂风”F.3及“台风”战斗机均挂载过“流星”导弹，

其中"台风"战斗机上还完成了导弹的投放实验。2016 年 7 月，"流星"空对空导弹首次在瑞典空军服役。其他一些海外客户也对其纷纷表现出浓厚的兴趣，"流星"导弹具有广阔的出口前景。

"阵风"战斗机发射"流星"导弹

10 秒速识

"流星"导弹采用正常的气动布局，4 片全动式梯形尾舵、2 片固定弹翼，与二元进气道一起呈轴对称配置。数据链接收机安装在两个进气道之间，数据链天线则安装在弹体的尾部，弹体中部有两片弹翼。

两枚"流星"导弹

日本 AAM-3 空对空导弹

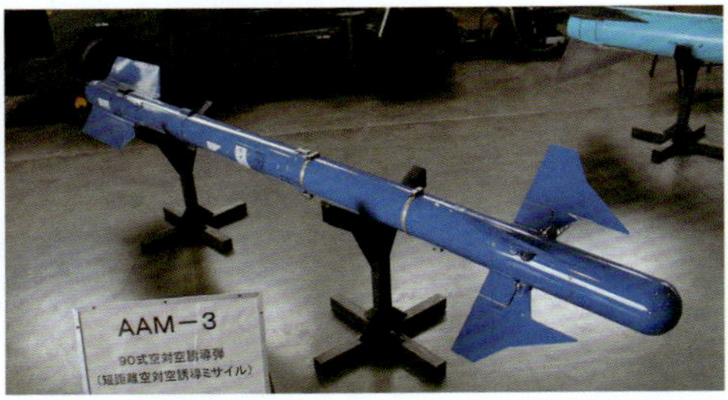

AAM-3 是日本为替换 AIM-9L“响尾蛇”导弹而独立研制的一款小型短程空对空导弹。

基本参数	
长度	3.1 米
直径	0.127 米
翼展	0.64 米
重量	91 千克
速度	2.5 马赫
有效射程	35 千米

研发历史

AAM-3 空对空导弹是日本航空自卫队现役的近距格斗空空导弹之一，其研制工作始于 1986 年，由日本三菱重工担任主承包商，导引头和近炸引信由日本电气研制，战斗部由小松制作所研制。1987 年 9 月，开始一系列技术试验。1989 年 7 月，进行了 3 次空中发射试验，充分显现出 90 式空对空导弹具有较高的格斗能力和目标捕捉能力。

F-15 战斗机装备的 AAM-3 导弹

弹体构造

AAM–3 导弹采用固体火箭发动机，导引头采用日本电气新开发的双色红外导引头和激光近炸引信，战斗部采用小松制作所的高爆破片战斗部。AAM–3 导弹向弹体斜前方发射激光束，当侧面的传感器接收到反射波后即引爆战斗部。同时激光近炸引信装备大量传感器进行激光束的发射和接收，可以精确测定目标象限，从而保证导弹可以装备定向弹头，进行全向攻击。

性能解析

AAM–3 空对空导弹在机动性、抗干扰性和目标捕捉等各方面的性能都表现不错，具有很高的格斗能力和目标捕捉能力。

F-2 战斗机挂载的 AAM-3 导弹（机翼外侧）

服役记录

AAM–3 导弹 1990 年装备部队，是日本现役的“90 式空空导弹”，目前日本三菱重工名古屋导弹推进系统制造所仍在生产这种导弹。

士兵为战机装载 AAM-3 导弹

10 秒速识

AAM–3 导弹吸收了法国“魔术”导弹在气动外形布局上的优点，采用十字形前翼气动布局，取消了弹翼后缘的陀螺舵，尾部弹翼呈小翼展矩形。

AAM-3 导弹前侧方特写

Chapter 03

空对地导弹

空对地导弹是各国空军对地攻击的重要突击武器，是一种用军用飞机发射以攻击地面的导弹，目前空对地导弹已发展至三代，且种类繁多、用途各异。按其作战用途可分战略空对地导弹和战术空对地导弹。

美国 AGM-65“小牛”空对地导弹

AGM-65“小牛”（Maverick）是美国休斯飞机公司（现为休斯导弹系统公司）研制的一款短程空对地导弹。

基本参数	
长度	2.49 米
直径	0.3 米
翼展	0.71 米
重量	304 千克
速度	0.9 马赫
有效射程	22 千米

研发历史

AGM-65“小牛”空对地战术导弹是由美国空军航空系统局 AGM-65 系统项目办公室负责的项目，主要由美国休斯飞机公司研制，1965 年开始对其进行设计，1968 年 7 月开始生产，1969 年 12 月首次进行空中发射试验，1971 年 7 月开始批量投产，1973 年 1 月基本型 AGM-65A 进入美国空军服役。从 1971 年 7 月投产到 1978 年 5 月停产，共生产了 AGM-65A 型导弹 20100 枚，月生产率 800 枚，单价 2.3 万美元。该弹有 7 种改型，分别为“小牛”A 型、B 型、C 型、D 型、E 型、F 型、和 G 型，其代号都为 AGM-65。

发射中的 AGM-65“小牛”导弹

弹体构造

AGM-65 设计时采用模组化设计方式，可以使不同寻标器、战斗部结合在相同的固体燃料火箭发动机弹体上。不同型号的 AGM-65 具有不同的导引系统，包括光电、激光、红外线、感光耦合元件、极高频导引等。AGM-65 有两类弹头，一种重 57 千克，头部装有接触引信; 另一种弹头较重，为 136 千克，配备延迟引信。

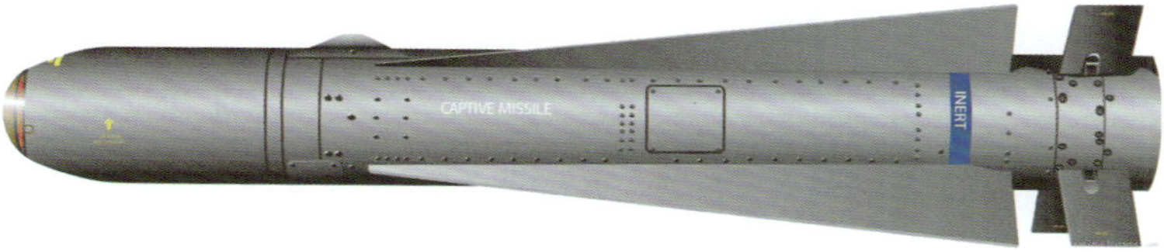

AGM-65“小牛”导弹示意图

性能解析

AGM-65 “小牛”导弹能根据作战要求，由不同载机选择适用的导弹型号，因而具有全天候、全地形作战使用能力。它能有效地打击各种战术目标，包括装甲单位、防空设备、舰艇、地面运输部队及燃料储存设施等。

A-10 攻击机正在发射 AGM-65 “小牛”导弹

服役记录

在海湾战争中，多国部队的 A-6、A-10、AV-8B、F-16、F-4G、F/A-18 等飞机共发射了 5000 多枚 AGM-65 “小牛”空对地导弹，发射成功率约为 80% ~ 90%，取得了较好的战果。在 2003 年伊拉克战争中，美军飞机还首次挂载 AGM-65G2 完善型“小牛”导弹。

挂有 AGM-65 “小牛”导弹的 F/A-18 战斗机

10 秒速识

AGM-65 “小牛”导弹采用正常式气动外形布局，4 片后掠三角形弹翼位于弹体中、后部，十字形尾舵位于弹体尾部，舵面偏转 ±35 度，圆柱形弹体由 4 块 1/4 圆弧的弯板铆接而成，弹体内部采用舱段式结构，分为前段、中段和后段 3 个舱段。

AGM-65 “小牛”导弹后方特写

美国 AGM-88“哈姆”空对地导弹

AGM-88“哈姆”（High-speed anti-Radiation Missile，HARM）导弹是美国德州仪器公司研制的一款空对地反辐射导弹。

基本参数	
长度	4.1 米
直径	0.254 米
翼展	1.13 米
重量	355 千克
速度	1.86 马赫
有效射程	150 千米

研发历史

20 世纪 60 年代后期，美国海军提出新型反辐射导弹的需求，美国德州仪器公司（其武器生产部门已被雷神公司收购）在 1974 年 5 月被选为主要开发新型导弹的公司。1983 年，“哈姆”导弹的批量生产计划获得批准，首批导弹交付美国海军，美国军方编号 AGM-88。1985 年，“哈姆”导弹首度装备“小鹰”号航空母舰上的 A-7 攻击机机队。

装备在 F-16 战斗机上的 AGM-88“哈姆”导弹（白色涂装）

弹体构造

AGM-88“哈姆”导弹采用双推力固体燃料火箭发动机制导方式，当载机上的雷达告警接收机探测到辐射源信号后，由机载发射指令计算机对辐射源目标进行分类、威胁判断和攻击排序，然后向导弹发出数字指令，将确定的重点目标的有关参数装入导弹并显示给飞行员，只要目标进入导弹射程就可以发射导弹（不管目标是否在导弹导引头视场内）。导弹在数字式自动驾驶仪控制下按预定的弹道飞行，确保导弹导引头能截获目标。这种攻击方式一般称为自卫方式。还有两种攻击方式是攻击随机目标方式和预定攻击方式。随机目标方式是在载机飞行过程中导弹导引头始终处于工作状态，利用它比一般雷达告警接收机高得多的灵敏度对辐射源进行探测、定位和识别，并向飞行员显示相关信息，由飞行员瞄准威胁最大的目标并发射导弹。而预定攻击方式则是向已知辐射源目标的位置发射导弹。

AGM-88“哈姆”导弹示意图

性能解析

AGM-88“哈姆”导弹具有射速快、射程远等特点，可最大限度压缩敌方反应时间，攻击现役各种型号雷达，不受载机过载及机动限制。

发射中的 AGM-88“哈姆”导弹

服役记录

1986 年，美国空军使用“哈姆”导弹空袭利比亚，共发射了 36 枚“哈姆”导弹，摧毁了利比亚的 5 个雷达阵地。海湾战争中，600 多枚“哈姆”导弹与其他反辐射导弹一起摧毁和压制了伊拉克 90% 的预警雷达和地空导弹制导雷达系统，使其无法发挥防空作战效能，因而有效地降低了以美国为首的多国空袭飞机的战损率。

装有 4 枚 AGM-88“哈姆”导弹的 F-16 战斗机

衍生型号

型号	特点
AGM-88A	基本型
AGM-88B	更换 A 型的导引头内的插件式硬件模块
AGM-88C	采用了更新型的导引头和新型战斗部
AGM-88D	采用 GPS/INS 制导装置
AGM-88E	用于对付防空部队

AGM-88E 导弹

10 秒速识

“哈姆”导弹采用卵形弹头、柱形弹体。它有两组控制面：第一组位于弹体后部，4 片对称安装，前缘后掠，后缘平直，外端平行于导弹轴线；第二组位于弹体中部，4 片对称安装，前缘后掠角度由大变小，后缘垂直于弹体。

AGM-88 导弹（上）、AGM-45 导弹（中）、AGM-65 导弹（下）

美国 AGM-114“地狱火”空对地导弹

AGM-114“地狱火”（Hellfire）是美国洛克希德·马丁公司研制的一款空对地导弹

研发历史

基本参数	
长度	1.63 米
直径	0.178 米
翼展	0.33 米
重量	49 千克
速度	1.3 马赫
有效射程	8 千米

AGM-114“地狱火”导弹最初是洛克希德·马丁公司在“大黄蜂”电视制导空对地导弹基础上研制的一种直升机发射的近程空对地导弹，该导弹属于美军第三、四代反坦克空对地导弹，其基本型 AGM-114A 于 1970 年开始研制，1971 年进入试验阶段。1976 年该导弹正式定为“阿帕奇”（AH-64A）攻击直升机机载武器，1982 年投产。

挂载于战机上的 AGM-114“地狱火”导弹

弹体构造

AGM–114 导弹采用模块式设计方式，可根据战术需要和气象条件选用不同制导方式、配备不同导引头。其中有一种射频 / 红外导引头，专门用于对付配有雷达的防空导弹、高射炮武器系统。

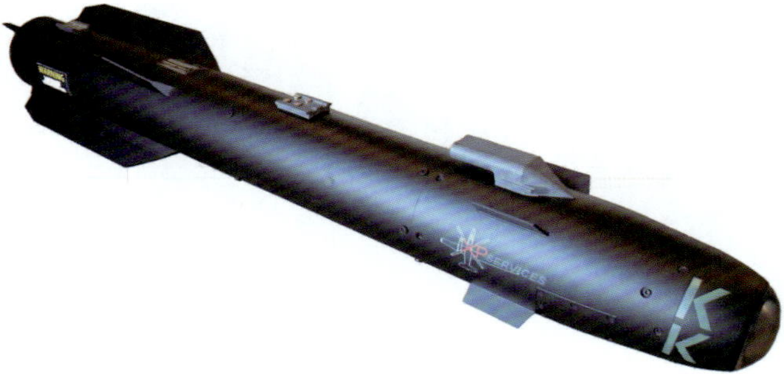

AGM-114“地狱火”导弹示意图

性能解析

AGM–114 是一种能从海、陆、空发射、攻击海上或陆地带有装甲机动目标的导弹，有多种改进型号在役，具有发射距离远、精度高、威力大等优势，采用激光制导，抗干扰能力强。直升机发射 AGM–114 导弹之后，行动不会受到限制，可以立刻回避敌人攻击。

发射中的 AGM-114“地狱火”导弹

服役记录

1982 年和 1983 年，AGM-114 导弹分别装备了美国空军 UH-60“黑鹰”直升机和英国“山猫”直升机。1989 年，AGM-114 导弹在美军入侵巴拿马战争中首次使用，用于攻击巴拿马国防军司令部。在海湾战争中该型导弹得到了广泛使用，主要配备在 AH-64A 型攻击直升机和海军陆战队装备的 AH-1W 型“超级眼镜蛇”直升机上。

挂载于直升机下的 AGM-114“地狱火”导弹

衍生型号

型号	特点
AGM-114A	基本型，半主动激光导引
AGM-114B/C	基本型，电子点火方式
AGM-114D/E	基本型，使用数字化导向电脑，未生产
AGM-114F	过渡型，半主动激光导引
AGM-114G	过渡型，升级为 SAD 系统，未生产
AGM-114H	过渡型，AGM-114F 的数字化导向电脑版
AGM-114J	AGM-114F 的轻量化和射程增强版
AGM-114K	AGM-114J 的 SAD 升级版
AGM-114L	攻击所有装甲性目标
AGM-114M	半主动激光导引，攻击碉堡、轻载具、软性攻击目标和洞穴
AGM-114N	半主动激光导引，攻击围墙、船舰、软性攻击目标
AGM-114P	AGM-114K 的最佳化，于无人侦查机上使用版本

装有 AGM-114“地狱火”导弹的 MQ-1 无人机

10 秒速识

AGM-114 导弹弹体呈棍状，采用两组控制面。第一组位于弹体后部，4 片对称安装，径向长度较大，前端有切角，翼展不大。第二组位于弹体前部，尺寸较小，呈方形。头部有激光束接收窗口，透明，可见内部装置。

AGM-114“地狱火”导弹前侧方特写

美国/以色列 AGM-142 “突眼”空对地导弹

AGM-142 “突眼”（Popeye）是以色列拉斐尔公司为装备以色列空军 F-4 战斗机而研制的一款中程空对地导弹。

研发历史

基本参数	
长度	4.82 米
直径	0.533 米
翼展	1.98 米
重量	1360 千克
速度	0.73 马赫
有效射程	80 千米

20 世纪 80 年代初，为满足以色列空军关于提供一种防区外攻击坚固设防目标的电视制导空对地导弹的要求，以色列拉斐尔公司开始研制 AGM-142 “突眼”导弹。在美国空军服役的该弹已纳入美军编制系列，并给予其美军编号——AGM-142，由美国洛克希德·马丁公司作为第二主承包商，负责生产和销售。

F-111 战斗机挂载的 AGM-142 “突眼” 导弹

弹体构造

AGM-142 “突眼” 导弹采用独特的正常式气动外形布局。弹体内部采用模块化舱段结构，从前到后分为 5 个舱段：前舱、制导控制舱、战斗部舱、发动机舱和尾舱。前舱内装可互换的电视或红外成像导引头。制导控制舱内装惯导系统、数据处理计算机和电源。战斗部舱内装爆破型和半穿甲爆破型战斗部，配用触发延时引信和近炸引信。发动机舱内装两级推力固体火箭发动机。尾舱内装机电式伺服装置和控制舵机，在尾喷口下方装有由天线罩、接收机、发射机和双向线路组成的中段指令修正用的数据链系统。

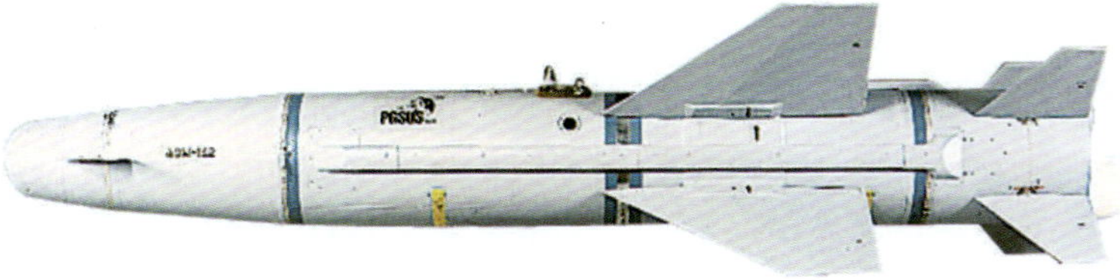

AGM-142 “突眼” 导弹示意图

性能解析

AGM–142“突眼”导弹主要用以攻击严密设防的坚固目标，如机场、桥梁、地下掩蔽部等。

挂载有 AGM-142“突眼”导弹的 F-4 战斗机

服役记录

1990–1991 年以色列向美国空军交付 86 枚 AGM–142 “突眼”导弹和 4 个电视制导吊舱。1991 年 B–52 轰炸机首次在海湾战争中使用该弹。

该型导弹除装备以色列和美国空军外，还向澳大利亚、土耳其、英国等国家出口。

装备 AGM-142“突眼”导弹的 F-4 战斗机群

10 秒速识

AGM-142 采用独特的正常式气动外形布局，2 片鸭式稳定小前翼位于头部两侧水平面，4 片前缘后掠切梢三角形稳定弹翼位于弹体中部稍后处，4 片前缘后掠切梢三角形控制舵面位于弹体尾部。弹翼和尾舵呈 X 形配置，处于同一平面，鸭式前翼处于水平面。弹体头部带半圆形玻璃整流罩，两侧各有 1 个内装各舱段电气连接导线的长边条，尾部在发动机喷管下方装有后视数据链使用的雷达天线整流罩。

AGM-142“突眼”导弹前侧方特写

美国 AGM-154 联合空对地防区外导弹

AGM-154 联合防区外导弹 (JSOW) 是美国海军和美国空军共同开发的主要用于打击防空设施的一款中程空对地导弹。

研发历史

AGM-154 导弹的研制工作始于 1992 年，是一种新型防区外打击武器，由德克萨斯仪器公司作为主承包商。该导弹在 1995 年开始进行试验，于 1998 年 2 月投入生产并服役。

基本参数	
长度	4.1 米
直径	3.3 米
翼展	2.7 米
重量	497 千克
有效射程	380 千米

F-16 战斗机发射 AGM-154 导弹

弹体构造

AGM–154 导弹采用模块化设计方式，弹体结构具有一定的隐身性能，在此基础上加装不同形式的弹翼和控制舵面，采用不同类型的发动机，使其形成一个具有不同性能水平的防区外发射武器家族。

AGM-154 导弹示意图

性能解析

AGM–154 导弹具有射程远、杀伤力强、“发射后不管”等特点，子弹药为末敏弹，能自行寻的攻击，而且其杀伤面积也较大。

携带两枚 AGM-154 导弹的 F-35 战斗机

服役记录

1999 年 1 月 24 日，美国海军一架 F/A–18 战斗机在伊拉克发射了一枚 AGM–154 导弹，攻击伊军一个防空设施，首次投入实战便获得成功。科索沃战争中 AGM–154 导弹也投入了使用。

士兵正在为战机装载 AGM-54 导弹

衍生型号

型号	特点
AGM-154A	基本型，主要供海军使用
AGM-154B	改进型，主要供空军使用
AGM-154C	改进型，主要供海军使用

AGM-54 导弹侧面特写

10 秒速识

AGM-154 导弹弹体头部为锥形、中部为箱形，至弹体后部，主尺寸逐渐收缩。弹尾翼 6 片，呈花瓣形排列，整体似一艘缩小的潜艇。基本型采用上单翼，位于弹体中部，载机悬挂飞行时向后折叠，自由飞行时向前展开；尾翼装置为 4 片 X 形翼面加 2 片一字形翼面。

挂于机翼上的 AGM-54 导弹

美国 AGM-158 联合空对地防区外导弹

AGM-158 联合空对地防区外导弹（Joint Air-to-Surface Standoff Missile，JASSM）是美国洛克希德·马丁公司研制的一款空射巡航导弹。

基本参数	
长度	4.27 米
直径	0.4 米
翼展	2.4 米
重量	1021 千克
速度	0.8 马赫
有效射程	1000 千米

研发历史

AGM-158 导弹是洛克希德·马丁公司在 1994 年 AGM-137“三军防区外攻击导弹”（TSSAM）计划被取消后，为美国空军和美国海军研制的新一代通用防区外空对地导弹。该导弹从 1995 年开始发展，但被一些测试阶段中出现的问题拖延了时间，直到 2009 年才开始服役。除了标准版本外，扩展射程后的 AGM-158B（ JASSM-ER 型）已于 2014 年服役。

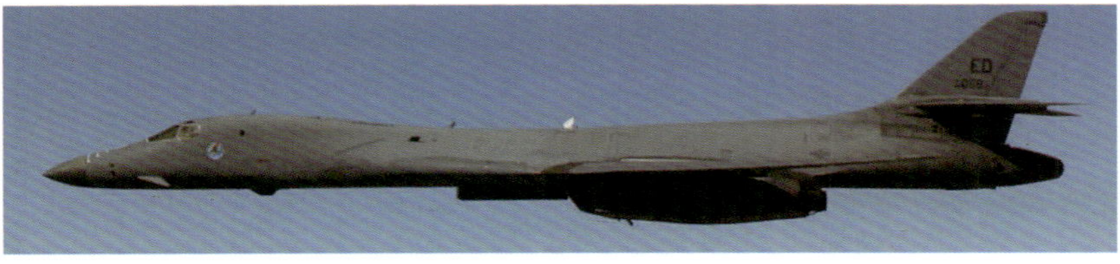

B-1 轰炸机正在发射 AGM-158 导弹

弹体构造

AGM–158 导弹采用涡轮喷射发动机，可使用爆破杀伤弹和穿甲弹等多种类型的战斗部，采用惯性制导加 GPS 中制导与红外成像末端制导，并可进行攻击效果评定。该导弹加装了抗干扰模块，能在对 GPS 干扰的环境下使用，并大量采用隐身技术，具有昼夜全天候作战能力。

AGM-158 导弹示意图

性能解析

AGM–158 导弹是目前最先进的巡航导弹之一，具有精确打击和隐身突防能力，可攻击固定和移动目标，并具有大面积杀伤能力。该导弹精确的制导能力足以摧毁高价值目标，而无须飞机驾驶员去冒飞过目标区凌空轰炸的风险。同时导弹弹体采用了隐身设计，不易被敌方防空火力拦截。

F-16 战斗机发射 AGM-158 导弹

服役记录

洛克希德·马丁公司从2004年5月开始扩大生产规模，每月生产8枚，最终增加到40枚。美国空军计划购买4900枚，海军则从2007年起首批购买453枚。

随着美国的战略重点由中东转向太平洋地区，考虑到后一地区存在着强大的防御能力，B-1B轰炸机与AGM-158系列导弹的搭配将为作战指挥官们提供一个最优选择。除了基本型AGM-158导弹，AGM-158B导弹也将配装B-2、B-52轰炸机，以及F-15、F-16战斗机。

10秒速识

AGM-158联合空对地防区外导弹重约1021千克，具有隐身、远程、精确和通用等这些21世纪武器装备的基本特征。

挂于战机上的AGM-158导弹

法国 ASMP-A 空对地导弹

ASMP-A 是法国研制的一种战略和战术两用空对地巡航导弹。

研发历史

基本参数	
长度	5.38 米
直径	0.38 米
翼展	0.96 米
重量	860 千克
速度	3 马赫
有效射程	500 千米

ASMP 导弹于 1976 年开始计划，于 1978 年正式研发，用以取代原先由“幻影 IV”式轰炸机投掷的 AN-22 和“超级军旗”攻击机投掷的 AN-52 自由落体核弹。1987 年，法国军方继续改良 ASMP 导弹，但最终只有 ASMP-A 得以采用。ASMP-A 开发始于 1996 年，于 2005 年 10 月首度由“戴高乐”号航空母舰上的“阵风”战斗机进行挂载测试，到 2006 年 1 月由“幻影 2000N-K3”试射，2008 年起开始于法国海空军中服役。

挂于机翼内侧的 ASMP-A 导弹

弹体构造

ASMP–A 与 ASMP 外形设计类似，采用无翼气动布局，设有在飞行中起操纵和稳定导弹作用的十字形全动弹翼，这种较平的横剖面气动外形布局和结构设计使导弹的升力和机动能力较高，因而无须采用弹翼。ASMP–A 导弹的发动机为整体式火箭 – 冲压喷气发动机，配以热核战斗部。

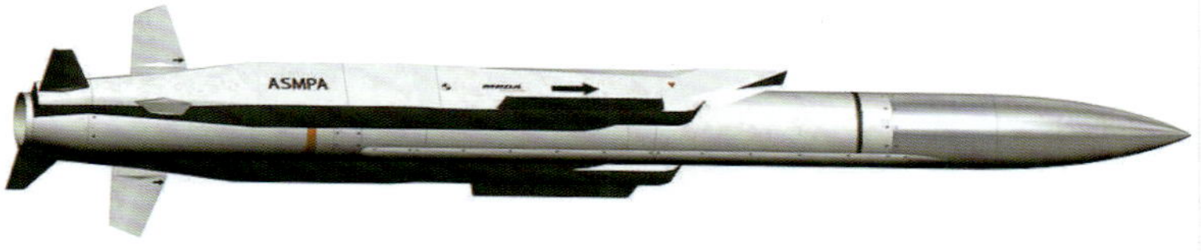

ASMP-A 导弹示意图

性能解析

与 ASMP 导弹相比，ASMP–A 导弹射程大大增加，可达到 500 千米，能进行超声速巡航飞行。ASMP–A 导弹有多种弹道可供选择，以提高突防能力。

服役记录

ASMP 导弹 1986 年服役，2008 年起，ASMP–A 开始于法国海空军中服役。至今法军约有 70 枚 ASMP–A 导弹正在服役，其中 10 枚装备海军，

60 枚装备空军，截至目前并未有出售纪录，法国海军也是现今唯一一支可以借由航空母舰舰载机空射核武器的部队。

“阵风”战斗机挂载的 ASMP-A 导弹（机翼内侧）

10 秒速识

ASMP-A 弹体主要采用不锈钢和钛合金制成，能经受 350 摄氏度的气动加热，其表面涂有吸波层，对内部结构和电子设备起防核爆加固作用。

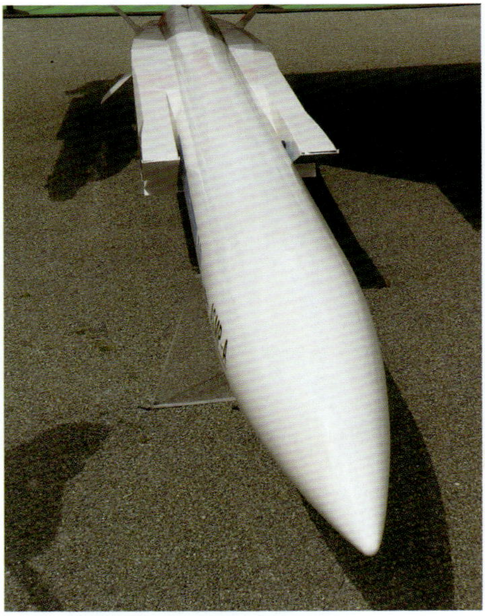

ASMP-A 导弹前方特写

英国“硫黄石”空对地导弹

“硫黄石”（Brimstone）导弹是英国 MBDA 公司 1996 年研制的一种空对地导弹。

基本参数	
长度	1.8 米
直径	0.178 米
重量	48.5 千克
速度	1.3 马赫
有效射程	12 千米

研发历史

20 世纪 90 年代后期，英国 MBDA 公司在“地狱火”导弹的基础上开始研制“硫黄石”导弹。该导弹最初被用来对付敌人的装甲部队大规模编队。2003 年 10 月成功对其进行了空中发射试验。2013 年 12 月到 2014 年 1 月，“硫黄石”导弹开始进行实弹测试，此次测试结果实现了英国海军的所有优先和次优先目标。

挂载于“狂风”战斗机上的“硫黄石”导弹（机翼内侧）

弹体构造

“硫黄石”导弹系统由发射器和3枚导弹组成，采用毫米波雷达导引头，在导弹发射后利用惯性导航系统引导导弹飞向目标，然后通过毫米波雷达导引头进行搜索，锁定目标后发起攻击。“硫黄石”导弹可综合利用高分辨率图像和雷达回波的极化特性实现目标实时分类和识别，并通过多普勒处理进行区分，将运动中的装甲目标列为最高优先级目标。

“硫黄石”导弹示意图

性能解析

“硫黄石”导弹不但能从直升机上发射，也能从高速战斗机上发射，具备齐射能力。对于以直线队列在公路上行进的坦克群，导弹按同一路径飞行，在不同距离处向下俯冲，而如果坦克分散在野外，导弹则按不同路径飞行。“硫黄石”导弹虽然从设计理论上说也能用于超视距发射，但通过减小战斗部尺寸和编程可使其只攻击设定区域，因而可将附带损伤降到最低。

从直升机上发射的“硫黄石”导弹

服役记录

2008 年，英国空军首次将“硫黄石”导弹部署在伊拉克战场，2009 年将其投入到阿富汗战场。之后在利比亚战争中也出现过“硫黄石”导弹的身影，“硫黄石”导弹在多次战争中的实战表现，证明了其优秀的作战性能。

装备在无人机上的“硫黄石”导弹

10秒速识

“硫黄石”导弹头部有毫米波雷达导引头天线罩，后部为固体燃料发动机，其尺寸、重量类似于“地狱火”导弹。

挂载于战机上的“硫黄石”导弹

Chapter 04

地对地导弹

二战后，为适应新的战场形势的发展和变化，各国开始积极研制各种地对地导弹，到目前为止，地对地导弹不仅种类繁多，而且装备数量大。地对地导弹具有射程远、威力大、精度高等特点，是地面武器的重要组成部分。

美国 MGM-140 陆军战术导弹系统

MGM-140 陆军战术导弹系统是美国陆军最先进的近程、单弹头地对地弹道导弹。

基本参数	
长度	4 米
直径	0.61 米
翼展	1.4 米
重量	1670 千克
速度	3 马赫
有效射程	50 千米

研发历史

MGM-140 由美国陆军于 1986 年开始研制，是一种全天候半制导半弹道式的第三代地对地战术导弹武器系统，

1990 年装备部队，主要用于攻击敌方后续部队的装甲集群、机场、运输队和地空导弹发射基地等大型目标。

发射中的 MGM-140 导弹

弹体构造

MGM-140 利用美军装备的 M270 式多管箭炮发射，两个发射箱各装一枚导弹。导弹的装运箱可快速拆卸。发射时，无须另外的操作员、发射架和其他设施，可以将其看作另一型号的火箭弹。MGM-140 采用固体火箭发动机，这种火箭发动机的显著特点是便于维护。

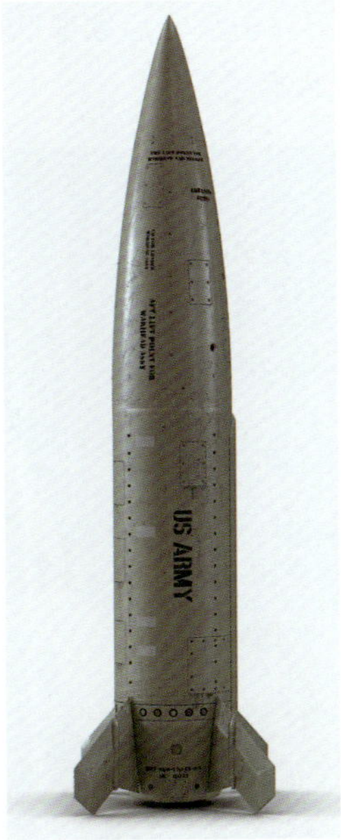

MGM-140 陆军战术导弹示意图

性能解析

MGM–140 命中精度 50 米，主要用于打击纵深集结部队、装甲车辆、导弹发射阵地和指挥中心等，可携带轻型装备、反装甲、反硬目标、布撒地雷、反前沿机场和跑道等 6 种战斗部，能提供强大的火力支援。

MGM-140 导弹发射车

衍生型号

型号	特点
MGM-140A	“半弹道”式，采用惯性制导，内装 M74 双用途子母弹
MGM-140B	MGM-140A 的增程型，射程比 A 型提高 1 倍
MGM-164	采用全球定位系统辅助的惯性导弹系统
MGM-168	携带 6 枚 BAT 弹药，采用毫米波 / 红外双模导引头

MGM-140 陆军战术导弹系统

服役记录

MGM-140 陆军战术导弹系统在海湾战争中首次投入实战。美军共发射了 30 枚，所有受到攻击的目标都被摧毁或丧失了战斗能力。使用中，由于制导信息未及时输入，9 次射击中 7 次没有成功。改进后，可在发现目标后 10 分钟内实施打击。

发射中的 MGM-140 导弹

10 秒速识

MGM–140 陆军战术导弹系统采用 M270 多管火箭炮发射车发射，发射 / 运载箱外形与装 6 发火箭弹的箱体相同。其弹体短粗，弹尾一组控制面，共 4 片，形状特殊，前后像均后掠，后缘的翼尖有切角，整体呈不规则五边形。

美国 LGM-30“民兵”弹道导弹

LGM-30“民兵”（Minuteman）导弹是美国波音公司研制的洲际弹道导弹之一，是当前美国陆基核力量的主力。

基本参数	
长度	1.82 米
直径	1.7 米
重量	35300 千克
速度	23 马赫
有效射程	13000 千米

研发历史

“民兵”弹道导弹有多种型号，最先问世的是固体燃料导弹“民兵”Ⅰ型，该型导弹是一种固态燃料陆基洲际弹道导弹，其后又推出了“民兵”Ⅱ型和“民兵”Ⅲ型。“民兵”Ⅰ型导弹在 1958 年年底开始研制，1962 年正式服役。

至 1965 年 6 月，“民兵”Ⅰ型共有 800 枚装备美国空军。“民兵”Ⅱ型导弹于 1964 年 9 月完成第一次升空。

发射中的“民兵”导弹

弹体构造

“民兵”Ⅰ型导弹使用固态燃料，而之前的同类型导弹都是使用液态燃料。“民兵”Ⅱ型导弹在长度与吨位上都比“民兵”Ⅰ型导弹更大，改良过的第二节推进火箭更延长了其射程。“民兵”Ⅲ型导弹引进了一种新的第三节推进火箭，比“民兵”Ⅱ型导弹的更粗。

“民兵”导弹示意图

性能解析

“民兵”Ⅲ型导弹成为美国唯一的陆基可携带核弹头的洲际弹道导弹，是维持美国“三位一体”战略核威慑的陆基支柱。为了在洲际导弹数量减少的情况下保持美国的战略威慑效力，美军正在对“民兵”Ⅲ型导弹进行升级，以提升该导弹的安全性和打击精确度。

“民兵”导弹前侧方特写

服役记录

GM-30“民兵”弹道导弹于1970年开始装备美国空军，1975年完成550枚的部署任务，1978年11月结束生产。截至2017年，“民兵”弹道导弹仅剩下Ⅲ型仍在服役。

在发射基地的“民兵”导弹

衍生型号

型号	特点
“民兵”Ⅰ型	美国第二代战略导弹
“民兵”Ⅱ型	三级固体燃料单弹头洲际弹道导弹
“民兵”Ⅲ型	美国第三代战略导弹

“民兵”Ⅲ型导弹发射瞬间

10 秒速识

“民兵”弹道导弹采用 NS-20 全惯性制导式子弹头，每个母弹内安装 3 枚子弹头，导弹动力装置为三级固体火箭发动机。

运输中的“民兵”导弹

俄罗斯“飞毛腿”地对地导弹

“飞毛腿”（（Scnd））是苏联制造的一种短程机动发射地对地导弹，包括苏联的 R-11、R-17、 R-300 厄尔布鲁士一系列导弹。

基本参数	
长度	11.25 米
直径	0.88 米
弹头重量	985 千克
重量	4400 千克
速度	5 马赫
有效射程	150 千米

研发历史

20 世纪 50 年代，苏联获得大量 V-2 导弹的资料和技术专家，在 V-2 导弹的基础上研发出了“飞毛腿”A 型导弹。之后又对其进行了多次改进，继而研发出“飞毛腿”B 型，B 型导弹 1962 年起在苏军服役，1965 年又研发出“飞毛腿”C 型，1980 年，苏联对“飞毛腿”导弹进行了最后一次改进，使其发展成为飞毛腿 D 型的最终版本。

"飞毛腿"导弹后侧方特写

弹体构造

"飞毛腿"导弹其实是V-2导弹的翻版，自"飞毛腿"发展至今，已经成为目前世界上多国部队广泛装备的一种导弹。该导弹采用简易惯性制导系统，可配用核、化学弹头和中子弹头，使用液体火箭发动机，可车载越野机动发射。

“飞毛腿”导弹侧方特写

性能解析

“飞毛腿”导弹主要作用是由核打击转化为常规打击，它可以携带一个常规高爆弹头，一个空气作为氧化剂的弹头，40 个机场路道破坏弹或者 100 个 5 千克的人员杀伤性小炸弹。弹头的多样性，使“飞毛腿”导弹的战术用途大大提高。

“飞毛腿”B 型导弹发射车特写

服役记录

两伊战争是二战后动用地对地导弹最多、持续时间最长、作战效果最大、影响最为深远的一次局部战争。1988 年 2 月 27 日，伊拉克出动空军袭击了伊朗首都德黑兰郊区的一座炼油厂，29 日伊朗向伊拉克首都巴格达发射了 2 枚“飞毛腿”B 导弹。至 3 月 8 日，“飞毛腿”导弹总共发射了 50 多次。

海湾战争中，伊拉克向以色列的特拉维夫、海法，沙特阿拉伯的利雅得、宰赫兰、达兰和巴林三国六市发射了近 80 枚苏制“飞毛腿”B 导弹。

除了俄罗斯和华约国家外，埃及、伊拉克、叙利亚、利比亚等国军队也都装备有“飞毛腿”导弹。

“飞毛腿”导弹履带发射车

衍生型号

型号	特点
“飞毛腿”A 型	使用伊萨耶夫设计的煤油 + 硝酸作为燃料的引擎
“飞毛腿”B 型	可携带常规、核、化学或集束弹头
“飞毛腿”C 型	“飞毛腿”B 型的增程型
“飞毛腿”D 型	在 B 型的基础上提高了精度

10 秒速识

“飞毛腿”导弹采用了V–2导弹的技术，但它是一个全新的设计，比V–2导弹更小，外形并不相同，采用单级液态燃料火箭发动机，引擎比V–2简单，并且用防震荡折流板防止间歇燃烧。

“飞毛腿”导弹后方特写

俄罗斯 OTR-21 “圆点”地对地导弹

OTR-2 1 “圆点” （Tochka）是苏联研制的近程地对地战术弹道导弹，北约代号为 SS-21 “圣甲虫” （Scarab）。

基本参数	
长度	6.4 米
直径	0.65 米
翼展	1.45 米
重量	2010 千克
速度	5.3 马赫
有效射程	185 千米

研发历史

OTR-2 1 “圆点”是机动发射式地对地战术导弹，分为初创型和改进型，于 20 世纪 60 年代末期开始发展，初创型 1976 年服役，改进型于 20 世纪 80 年代末开始服役。

OTR-21 “圆点”地对地导弹系统参加阅兵式

弹体构造

OTR-21“圆点”导弹装有数字式计算器和自主式惯性控制系统，尾部有空气动力舵。导弹可以使用常规弹头、核子弹头、化学弹头、末端制导弹头或子母弹弹头。

OTR-21“圆点”导弹模型图

性能解析

OTR-21“圆点”导弹主要用于攻击敌方纵深的导弹发射架、地面侦察设备、指挥所、机场、弹药库、燃料库等重要目标，还可攻击重要的防空导弹系统，压制敌方防空火力。

10秒速识

OTR-21“圆点”导弹弹体不长，采用两组控制面。第一组在弹体尾端，四片为网格式尾翼，翼面垂直于弹体轴线。第二组在弹体后部，尺寸大于第一组，翼弦较长，前缘后掠，后缘平直。

OTR-21“圆点”导弹侧面特写

俄罗斯 OTR-23“奥卡”地对地导弹

OTR-23“奥卡”（Oka）地对地导弹是苏联于20世纪80年代研制的一款近程地对地战术导弹，北约代号为SS-23“蜘蛛”（Spider）。

基本参数	
长度	7.53米
直径	0.89米
翼展	1.2米
重量	4360千克
速度	8.6马赫
有效射程	500千米

研发历史

OTR-23“奥卡”导弹是苏联于20世纪80年代制成的第三代地对地战术导弹。在研制OTR-23导弹时，苏军的战略思想发生了重大变化，强调不仅要打核大战，又要打常规战争，尤其重视提高炮兵在常规战争中攻击纵深目标的能力。

OTR-23“奥卡”导弹前侧方特写

弹体构造

OTR–23“奥卡”导弹采用先进的固体燃料火箭发动机，为了提高对远距离目标的射击精度，“奥卡”导弹还采用了先进的惯性制导技术，使它的偏差距离减小到 350 米以内。导弹采用第三代大型轮式车作为运输兼发射车，在长长的车体后部有两个长方形的发射箱，每个箱内存放一枚导弹。

OTR-23“奥卡”导弹示意图

性能解析

OTR–23“奥卡”导弹不仅用于打击战场上的战术目标，还可用来打击战役范围的纵深目标。OTR–23“奥卡”导弹的发射车看上去就像普通的军用运输车，既可以隐蔽自己，免遭敌人意外袭击，又可以保护导弹，免受战场尘土侵袭，有利于日常维护保养。

保存在博物馆中的 OTR-23“奥卡”导弹

服役记录

OTR-23“奥卡”导弹原计划部署250枚，但是美国、苏联签订的《中程核武器条约》规定不得部署和生产射程500千米以上的核武器，因此“奥卡”导弹在部署167枚之后停止装备。

OTR-23“奥卡”导弹特写

10 秒速识

OTR–23“奥卡”导弹发射车的前段有弧形的船体外形，车体后方还设有水上推进装置，车体的舱门和开口均设在水线以上，车体体积较大。

OTR-23“奥卡”导弹及发射车

俄罗斯 RT-2PM“白杨”导弹

RT-2PM“白杨”（Topol）导弹是苏联研制的世界上第一种以公路机动部署为主的洲际弹道导弹，北约代号为 SS-25“镰刀”（Sickle）。

基本参数	
长度	29.5 米
直径	1.8 米
圆概率误差	260 米
重量	45100 千克
速度	21 马赫
有效射程	10000 千米

研发历史

RT-2PM“白杨”弹道导弹的研究工作于 1975 年在莫斯科热力研究所开始立项，1982 年 10 月开始研制到 1987 年 12 月完成，先后共进行了 23 次飞行试验，1983 年 2 月和 5 月的两次飞行试验均获得成功。

RT-2PM“白杨”导弹前侧方特写

弹体构造

RT-2PM“白杨”导弹采用三级固体火箭发动机，在地下发射井可进行热发射，在地面可用轮式车辆在预先准备好的公路上实施机动发射，导弹平时贮存在带有倾斜屋顶的房子里，接到命令后由发射车将导弹运送至野外发射阵地发射，紧急情况可打开房顶盖，直接从房子里把导弹起竖发射。

RT-2PM“白杨”导弹示意图

性能解析

RT-2PM导弹飞行速度非常快，并能变轨机动飞行，具有很强的突防能力。不过由于三用发射车性能复杂，“白杨”导弹公路机动发射系统用于作战不仅代价昂贵，操作和维护保养费用也很高。

RT-2PM“白杨”导弹参加阅兵式

服役记录

1985 年年初，最早的 18 枚 RT–2PM 洲际弹道导弹完成部署，其设计服役期为 10 年。RT–2PM 是俄罗斯 21 世纪初将要继续保留的战略核武器。截至 2017 年，俄罗斯拥有 72 枚可在公路机动部署的 RT–2PM 弹道导弹。

RT-2PM“白杨”导弹侧面特写

10 秒速识

RT–2PM 导弹的发射车大多是大型的十车轮型车辆，导弹装在发射管并放置在载具上，前后有锁链相连，在进行发射时液压装置便将发射管推成直角。

RT-2PM“白杨”导弹前侧方特写

俄罗斯 RT-2PM2“白杨”M 弹道导弹

RT-2PM2“白杨”M（Topol M）导弹是俄罗斯在 RT-2PM“白杨”导弹基础上改进而来的洲际弹道导弹，北约代号为 SS-27“镰刀”B（Sickle B）。

基本参数	
长度	22.7 米
直径	1.9 米
圆概率误差	200 米
重量	47200 千克
速度	22 马赫
有效射程	11000 千米

研发历史

RT-2PM2“白杨”M 导弹的研制工作始于 20 世纪 80 年代后期，它是 RT-2PM“白杨”导弹的改进型。1994 年 12 月 20 日，RT-2PM“白杨”M 导弹进行了首次试射，原计划进行 7 次试射，实际上只进行了 4 次。1997 年 7 月 8 日，在普列谢茨夫靶场“白杨”M 导弹进行了第 4 次发射试验，也是定型前的最后一次发射。“白杨”M 导弹系统是俄罗斯导弹制造史上第一种自行研制和生产的弹道导弹系统。

RT-2PM2“白杨”M 弹道导弹前侧方特写

弹体构造

RT–2PM2 弹道导弹推进系统的显著特点是各级发动机的直径均比 RT–2PM 弹道导弹发动机大，采用新的推力向量控制方式。其制导系统与 RT–2PM 弹道导弹一样，为计算机控制的惯性制导或自动控制惯性制导。RT–2PM2 弹道导弹有两种发射方式：公路机动发射和地下井发射。公路机动发射时，导弹借助火药蓄压器从运输发射筒发射。井下部署可以利用原有发射井，并可与现有的作战指挥和通信系统兼容。

RT-2PM2“白杨”M 弹道导弹示意图

性能解析

RT–2PM2 弹道导弹可依靠 MAZ–7310 运输车进行移动，并且在空中能够改变飞行轨迹。RT–2PM2 首次使用的 3 台巡航固体燃料发动机功率强大，不仅可增加导弹战斗部的重量，也可使导弹能够比其他俄制导弹以更快的速度飞行，大大缩减导弹在轨迹主动段中的时间和高度，同时，数十台辅助发动机、操纵仪表和其他设备使导弹在快速飞行中很难被敌方监测到。

RT-2PM2“白杨”M 弹道导弹前方特写

服役记录

1998 年 12 月 30 日，俄罗斯第一个 RT–2PM2" 白杨 "M 导弹团 (10 枚，地下井式发射) 部署完毕，并开始担负战略值班任务。1999 年 12 月上旬，俄罗斯随即部署了第二个 RT–2PM2" 白杨 "M 导弹团。截至 2015 年，俄罗斯实际只部署了 60 枚地下发射井 RT–2PM2 弹道导弹，18 枚公路机动 RT–2PM2 弹道导弹。

RT-2PM2“白杨”M 弹道导弹后方特写

10 秒速识

RT–2PM2 弹道导弹是单弹头导弹，但在投掷重量和其他相关技术上留有改装为多弹头分导式导弹的接口，弹头采用了多层壳体结构，表面包覆特殊材料，以防止拦截导弹的核辐射、电磁辐射。

阅兵式上的 RT-2PM2“白杨”M 弹道导弹

俄罗斯 RS-24 洲际弹道导弹

RS-24 弹道导弹是俄罗斯研发的一种多弹头洲际弹道导弹。

研发历史

基本参数	
长度	22.7 米
直径	1.9 米
圆概率误差	200 米
重量	47200 千克
速度	22 马赫
有效射程	11000 千米

RS-24 弹道导弹由莫斯科热工研究所在 RT-2PM2 弹道导弹的基础上研发而成，2007 年 5 月 29 日，RS-24 弹道导弹进行了首次试验，由俄罗斯西北部的从普列谢茨克发射，并在俄罗斯远东地区堪察加的库拉靶场击中目标。2008 年，在普列谢茨克航天中心进行两次发射试验。2015 年在俄罗斯纪念二战胜利 70 周年阅兵中首次对外展示。

阅兵式上的 RS-24 洲际弹道导弹

弹体构造

RS-24 弹道导弹安装了布拉瓦洲际弹道导弹的附加助推装置和分导式弹头，由于装备有固体燃料发动机，因此加速段速度更快，反应时间更短。RS-24 弹道导弹采用俄罗斯技术的格洛纳斯导航系统和惯性制导，运载及发射方式主要分为固定式和移动式两种。固定式部署在导弹发射井内，而移动式发射使用 MZKT-79221 通用型 16 轮运输车移动发射。

性能解析

RS-24 弹道导弹继承了 RT-2PM2 弹道导弹的弹道变化和机动变轨能力，同时采用了其他新型突防技术，可以令反导系统中的光电探测设备或引导控制系统失效，具有较强的抗干扰能力和良好的飞行稳定性，能够穿透高度保护的目标，降低其被反导系统成功拦截的概率。

RS-24 洲际弹道导弹前侧方特写

服役记录

2009 年 3 月 17 日，俄罗斯战略火箭兵的一个团开始装备 RS-24 弹道导弹，并投入战斗值班。2014 年 12 月，俄罗斯战略导弹部队司令谢尔盖·卡拉卡耶夫表示，俄罗斯战略导弹部队将在 2015 年获得 24 枚 RS － 24 弹道导弹。到 2020 年底，俄罗斯战略火箭兵可能将拥有 100 ~ 110 套 RS - 24 洲际弹道导弹（多数为机动式）。

10 秒速识

RS–24 导弹采用分导式弹头，其运输车有两个驾驶室，分别布置在弹体及发动机的左面和右面，两个独立的驾驶室采用玻璃纤维制作，左边的驾驶室有两个座位，右边的驾驶室有一个座位。轿厢内的设备包括一套过滤和通风系统及加热器、通信设施和换气系统。

俄罗斯 9K720 “伊斯坎德尔”弹道导弹

9K720 “伊斯坎德尔”（Iskander）导弹是俄罗斯研制的一款短程地对地战术弹道导弹，北约代号为 SS-26 “石头”（Stone）。

基本参数	
长度	7.3 米
直径	0.92 米
弹头重量	700 千克
重量	3800 千克
速度	6.2 马赫
有效射程	500 千米

研发历史

9K720 “伊斯坎德尔”导弹的研制工作始于 20 世纪末，由俄罗斯机械制造设计局负责设计工作。2005 年，“伊斯坎德尔”导弹设计定型并开始批量生产，主要用于摧毁敌火力打击系统、防空系统、反导系统、机场和指挥所等点状目标和面状目标。

“伊斯坎德尔”弹道导弹后方特写

弹体构造

“伊斯坎德尔”导弹系统由导弹、发射车、装填运输车、指挥车、情报信息处理车、技术勤务保障车以及成套训练设备组成。“伊斯坎德尔”弹道导弹目前部署有3种常规弹头，即子母集束弹（由54枚子弹组成）、钻地弹和破片杀伤弹。“伊斯坎德尔”导弹采用惯性和图像匹配相结合的制导系统，图像匹配制导系统通常用于修正惯性制导在中段和末段的制导误差。

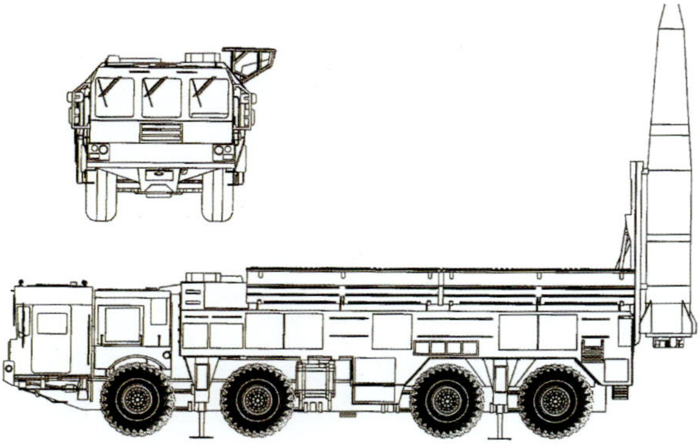

9K720“伊斯坎德尔”弹道导弹示意图

性能解析

9K720“伊斯坎德尔”弹道导弹是俄罗斯新一代战术弹道导弹武器系统，导弹抗干扰和突防能力强，并具有对付反导系统的能力。

发射中的“伊斯坎德尔”弹道导弹

服役记录

2006年，“伊斯坎德尔”导弹正式服役。除了俄罗斯本国使用外，还出口到亚美尼亚。

行进中的9K720“伊斯坎德尔”弹道导弹系统

10秒速识

9K720“伊斯坎德尔”弹道导弹为单级、固体燃料，可全程制导导弹，1个典型的“伊斯坎德尔”导弹连包括2辆运输发射车、2辆装弹车、2辆指挥与控制车、2辆任务计划车、1辆维护车、1辆战勤人员居住车。

9K720“伊斯坎德尔”弹道导弹前侧方特写

印度“烈火”Ⅱ型地对地导弹

“烈火”Ⅱ型（Agni- Ⅱ）地对地导弹是“烈火”系列弹道导弹中的第二种型号。

基本参数	
长度	21 米
直径	1.3 米
圆概率误差	40 米
重量	16000 千克
速度	12 马赫
有效射程	3000 千米

研发历史

“烈火”Ⅱ型导弹是印度陆军“烈火”系列弹道导弹中的重要型号。于 1992 年 5 月在昌迪普尔综合试验靶场首次试射，以失败告终。此后，“烈火”Ⅱ型相继于 1999 年 4 月、2001 年 1 月和 2004 年 8 月展开了多次试验，直到 2012 年 8 月才最终试射成功。

发射中的“烈火”Ⅱ型导弹

弹体构造

“烈火”Ⅱ型导弹采用惯性加 GPS 制导，命中精度约 40 米。该型导弹可采用铁路机动或公路机动两种方式发射，除了制导系统少量传感器需从欧洲国家进口外，其余部件均为国产。“烈火”Ⅱ型曾经衍生出许多型号版本，包括“烈火”Ⅱ Mk2 型号，是“烈火”导弹系列的研发基础。

“烈火”Ⅱ型导弹示意图

性能解析

2009 年 11 月 23 日，“烈火”Ⅱ型导弹进行了首次夜间发射，准备证明其具备全天候实战能力，可惜第一级发动机分离后，导弹发生了不规则的震颤，致使导弹轨道异常宣告试验失败。此次试射失败，很可能是长径比过大的问题导致。

阅兵式上的“烈火”Ⅱ型导弹

服役记录

在 2012 年“烈火”Ⅱ型导弹试射成功之后，2014 年 11 月，“烈火”Ⅱ型开始在印度军队服役。

10 秒速识

“烈火”Ⅱ型为两级固体导弹，能携带常规弹头或核弹头。

印度“烈火”Ⅲ型地对地导弹

“烈火”Ⅲ型（Agni-Ⅲ）地对地导弹是印度“烈火”系列弹道导弹中的第三种型号。

基本参数	
长度	17 米
直径	2 米
圆概率误差	40 米
重量	22000 千克
速度	17.6 马赫
有效射程	5000 千米

研发历史

1994 年 2 月，“烈火”Ⅲ型导弹首次试射。2006 年 7 月，印度军方在南部奥里萨邦的惠勒岛发射 1 枚“烈火”Ⅲ型导弹，第二级没有按时脱落，发射后 5 分钟，飞行了 1000 千米（不到三分之一射程）后跌落在印度洋中。2007 年 4 月、2008 年 5 月和 2010 年 2 月，印度先后三次在惠勒岛成功试射“烈火”Ⅲ型导弹，这次成功试射标志着印度已经具备较完备的核威慑能力。

印度阅兵式上的“烈火”Ⅲ型导弹

弹体构造

“烈火”Ⅲ型导弹采用固体火箭推进，组装快，能在较短时间内进入发射状态，而且可以部署在铁路或公路机动发射平台上，不易被捕捉和摧毁，末端制导采用了光电制导或主动雷达制导。

性能解析

“烈火”Ⅲ型地对地导弹可携带600～1800千克的常规弹头或核弹头，据估计核弹头当量可达20万～30万吨，命中精度较高，“烈火”Ⅲ型因经过多番改良，因此各种版本的性能差异比较大。

发射中的“烈火”Ⅲ型导弹

10 秒速识

“烈火”Ⅲ型地对地导弹总长约13米，分为两级固体推进导弹。该导弹的第一级和第二级均由先进的碳合成材料制成。

“烈火”Ⅲ型导弹在发射基地

印度“烈火”IV型地对地导弹

“烈火”IV型（Agni-IV）地对地导弹是印度“烈火”系列弹道导弹中的第四种型号。

基本参数	
长度	20 米
直径	1.3 米
圆概率误差	40 米
重量	17000 千克
速度	13 马赫
有效射程	4000 千米

研发历史

“烈火”IV为印度“烈火”弹道导弹家族中的最新成员，是基于“烈火”II型导弹的最新改进型。印度国防部在2011年11月15日早晨9点左右在奥里萨邦的试射场内成功试射了一枚可携带核弹头的“烈火”IV型弹道导弹。

发射中的“烈火”IV型导弹

弹体构造

“烈火”Ⅳ型导弹装备有印度最先进的航空电子设备、第五代机载计算机及分布式体系架构，具备修正干扰和引导自身飞行的最新功能。该导弹还装备了基于激光陀螺仪的惯性导航系统和高可靠冗余的微型导航系统，以确保该导弹的打击精度能达到两位数。此外，该导弹还装备有能经受4000摄氏度高温的再入防热罩。

阅兵式上的“烈火”Ⅳ型导弹

性能解析

“烈火”Ⅳ型导弹可运载1.5吨核弹头，包括单个核弹头或者3个分导式核弹头，能够对3个不同的战略目标实施威慑作战。相比之前的型号，“烈火”Ⅳ型不仅射程更远，而且精度更高、重量更轻。

“烈火”Ⅳ型导弹弹头特写

10 秒速识

"烈火"Ⅳ型地对地导弹使用两级复合固体燃料推进，采用公路机动发射方式，第一级是印度新研制的 1.3 米直径固体火箭发动机；第二级的壳体使用了碳纤维材料。

"烈火"Ⅳ型导弹前侧方特写

Chapter 05

防空导弹

防空导弹是由地面、舰船或者潜艇发射，用以拦截空中目标的导弹，该型导弹的出现对防空体系的组成、防空战术产生了重要影响，从20世纪40年代防空导弹诞生至今，世界上的防空导弹已经研制了三代，并且正在研制第四代。

美国 MIM-72“小檞树”地对空导弹

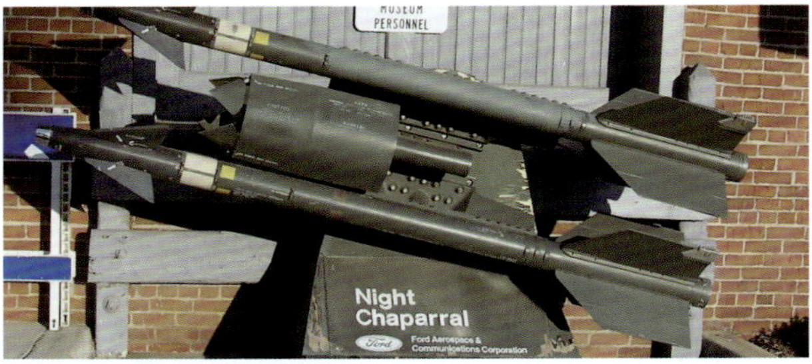

MIM-72“小檞树”（Chaparral）是由美国研发的一种自走式地对空导弹系统。

基本参数	
长度	2.9 米
直径	1.27 米
翼展	0.63 米
重量	86 千克
速度	1.5 马赫
有效射程	9 千米

研发历史

早期的 MIM-72 导弹是由美国海军使用的 AIM-9“响尾蛇”导弹改进而成，美国陆军航空及导弹司令部（United States Army Aviation and Missile Command, MICOM）于 1965 年与罗拉尔公司签订合约后开始研发与制造，第一枚 MIM-72“小檞树”导弹于 1967 年运交美国陆军，第一套完整版系统则于 1969 年 5 月开始作战部署。

车载式 MIM-72“小檞树”导弹系统

弹体构造

MIM-72“小槲树”导弹系统由导弹、发射架与M730履带车组成。整个系统在接获预警资料后，射手先行调整发射站的方位，以光学瞄准仪作目视瞄准，等待导弹寻标器锁定目标。由于导弹寻标器的视轴与光学瞄准仪的十字瞄准线已整合为一，所以光学瞄准仪追瞄或锁定目标的动作等于导弹寻标器在追踪或锁定目标。不过，这种操作只适合日间接战，而且目标的追踪和锁定距离不能超过射手的目视追踪和搜索的距离。

MIM-72“小槲树”导弹系统示意图

性能解析

MIM-72“小槲树”导弹结构简单，使用方便，训练容易，机动性好，有较强的抗干扰能力。不过MIM-72“小槲树”只适用于晴朗的白天作战，不适合用于攻击直升机或位于掩蔽物后方的盘旋目标。

MIM-72“小槲树”导弹及发射装置

服役记录

MIM-72“小槲树”导弹是美国陆军研制的第二代地空导弹武器系统，1969年开始装备美国部队，该导弹系统是美军师一级的主要防空武器。

美国陆军装备的“小槲树”地对空导弹系统

衍生型号

型号	特点
MIM-72A	由美国海军使用的AIM-9D导弹改进而成
MIM-72B	训练用
MIM-72C	第一代改良型，装有AN/DAW-1B全向位寻标器
MIM-72D	实验用导弹，量产前取消发展
MIM-72E	装用M121低排烟量火箭发动机
MIM-72F	采用AN/DAW-1寻标器
MIM-72G	第二代改良型，改用AN/DAW-2蔷薇花纹式扫描寻标器
MIM-72H	MIM-72F的外销型
MIM-72J	MIM-72G的降级外销型

MIM-72“小檞树”导弹后侧方特写

10 秒速识

MIM–72“小檞树”导弹的发射载体由 M113 装甲人员运输车衍生而来，其发动机舱及乘员舱位于车体前方，后方则装设 M54 导弹发射装置，多以防水帆布覆盖作为保护，车头两侧各有一组红外线灯。

MIM-72“小檞树”导弹前侧方特写

美国 MIM-104“爱国者”地对空导弹

MIM-104“爱国者”（Patriot）地对空导弹是美国研制的一款全天候、全空域中程防空导弹武器系统。

基本参数	
长度	5.8 米
直径	0.41 米
翼展	0.92 米
重量	700 千克
速度	4.1 马赫
有效射程	160 千米

研发历史

MIM-104“爱国者”导弹的研制计划始于 1967 年，是美国陆军为适应未来复杂的作战环境和不断变化发展的空中突击力量所造成的威胁而提出研制的。1970 年美国首次对 MIM-104 进行试验，1982 年研制成功，1984 开始装备部队并服役，前后历时 17 年，耗资 20 亿美元。

MIM-104“爱国者”导弹测试基地

弹体构造

MIM–104“爱国者”防空导弹系统由导弹及发射装置、相控阵雷达、作战控制中心和电源等部分组成，全套系统被安装在4辆制式卡车和拖车上。MIM–104采用单脉冲雷达导引头，模式化的数字式弹上制导设备、惯性加指令加TVM制导方式。

MIM-104“爱国者”导弹示意图

性能解析

MIM–104“爱国者”是美国研制的第三代中远程、中高空地空导弹系统，能在电子干扰环境下拦截高、中、低空来袭的飞机或巡航导弹，也能拦截地对地战术导弹。它能对付多个目标，具备一定的抗毁和攻击能力。MIM–104“爱国者”导弹系统的自动化程度较高，一部相控阵雷达可以完成目标搜索、探测、跟踪、识别以及导弹的跟踪制导和反干扰任务，射击反应时间仅15秒。

MIM-104“爱国者”导弹进行试射

服役记录

MIM–104“爱国者”导弹系统在海湾战争中成功拦截了伊拉克军队发射的“飞毛腿”导弹，这是历史上首次在实战中成功拦截弹道导弹，MIM–104成为此次战争中美军的代表性武器之一。之后经多次升级，“爱国者”导弹成为美国战区导弹防御系统中负责末端中低层反导的重要组成部分。

MIM-104“爱国者”导弹侧面特写

衍生型号

型 号	特 点
MIM–104A	基础型号，只能拦截飞机，不具备反导功能
MIM–104B（PAC–1）	具有反战术弹道导弹的能力
MIM–104C（PAC–2）	对导弹引信和战斗部进行改进
MIM–104D/E/F（GEM）	制导增强型导弹
PAC–3	主要对雷达、通信系统进行改进，使用了来自洛克希德・马丁公司全新设计的拦截弹

MIM-104C（PAC-2）导弹

10 秒速识

MIM–104“爱国者”导弹采用正常气动布局，头部呈尖卵形，没有弹翼，控制翼面呈十字形配置，位于弹体底端，前缘后掠，后缘平直。

部署在德国的 MIM-104“爱国者”导弹

美国“萨德”反导系统

“萨德”反导系统是美国洛克希德·马丁公司研制的导弹拦截用导弹，全称为“战区高空防御导弹”（Terminal High Altitude Area Defense，THAAD）。

基本参数	
长度	6.17 米
直径	0.34 米
最大射高	150 千米
重量	900 千克
速度	8.2 马赫
有效射程	200 千米

研发历史

“萨德”反导系统的研制计划于1987年提出，其目的是替代机动性较高但是拦截能力和止损能力都较弱的“爱国者”导弹。1990年年初，美国陆军正式提出开发需求，1992年9月完成竞标作业。研发工作由美国国防部弹道导弹防御局具体负责，其成果就是战区高空防御导弹。2008年，“萨德”反导系统正式服役。

发射中的“萨德”反导系统

弹体构造

“萨德”反导系统由拦截导弹及发射车、地基雷达、作战管理/指挥控制、通信、情报（BM/C3I）系统组成，拦截弹起飞后，先用惯性制导飞行，随后根据地面雷达传送来的经过修正的目标数据，对拦截弹进行中段飞行制导。当拦截弹到达目标空域后，动能杀伤拦截器与助推火箭分离，开始自主寻的飞行，通过直接撞击将目标摧毁。如果第一枚拦截弹未能拦截目标，可发射第二枚进行拦截。

展览中的“萨德”反导系统

性能解析

“萨德”反导系统主要针对已经从大气层上方再次进入大气层、末端航程弹道导弹进行侦测并防御，同时也具有一般防空的能力，可以射击敌方军事飞机，一定程度上已可以代替一般的地对空导弹，“萨德”反导系统采用动能直接碰撞杀伤模式摧毁来袭导弹或弹头目标，来袭的核、生、化弹头在受到拦截时不会发生爆炸，不会对美国防御地带造成沾染。

“萨德”反导系统发射轨迹

服役记录

2008 年 5 月 28 日，“萨德”反导系统在德克萨斯州布利斯堡成军，编入第 11 防空炮兵旅第 4 防空炮兵团下属之阿尔法营；该营编制有 24 枚战区高空防御导弹，配备 3 辆 M1120 HEMTT 所改造的导弹运输车、1 辆 AN/TPY–2 雷达运输车、1 辆指挥车；阿尔法营在 2009 年开始担负战备任务。

“萨德”反导系统一起发射

10 秒速识

“萨德”反导系统以发射车一组 10 枚导弹方式部署，导弹由一级固体火箭和一个动能杀伤拦截器组成。

“萨德”反导系统侧方特写

美国 RIM-7 “海麻雀” 舰对空导弹

RIM-7 “海麻雀” （Sea Sparrow）是美国以 AIM-7 为基础研制的短程舰对空导弹。

基本参数	
长度	3.7 米
直径	0.2 米
翼展	1.02 米
重量	230 千克
速度	3.5 马赫
有效射程	19 千米

研发历史

20 世纪 60 年代，美国海军计划发展一种比现有导弹系统小得多的短程点防御导弹系统 (BPDMS)，用以装备攻击型航母和轻型护卫舰。鉴于 AIM-7E 的良好性能，美海军决定在 AIM-7E 空空导弹的基础上发展 RIM-7E “海麻雀” 系统，又称基本型 “海麻雀” 或者基本型点防御导弹系统。到 2001 年为止，各种型号的 RIM-7 “海麻雀” 总共生产了 9000 多枚。

发射中的 RIM-7 “海麻雀” 导弹

弹体构造

RIM–7 “海麻雀” 导弹以 AIM–7M 为基础结合垂直发射技术，采用全动翼式气动布局，两对弹翼配置在弹中部，起到舵和副翼双重作用，产生升力和控制力。两对固定尾翼用来控制稳定性。RIM–7 “海麻雀” 导弹有多种型号，如 RIM – 7E、RIM – 7H、RIM – 7E2、RIM – 7F、RIM – 7M、RIM – 7R 等，都是在空射 “麻雀” 导弹的基础上发展而来的。其中 RIM – 7M 是标准型，RIM – 7R 具有红外 / 半主动雷达寻的导引头。

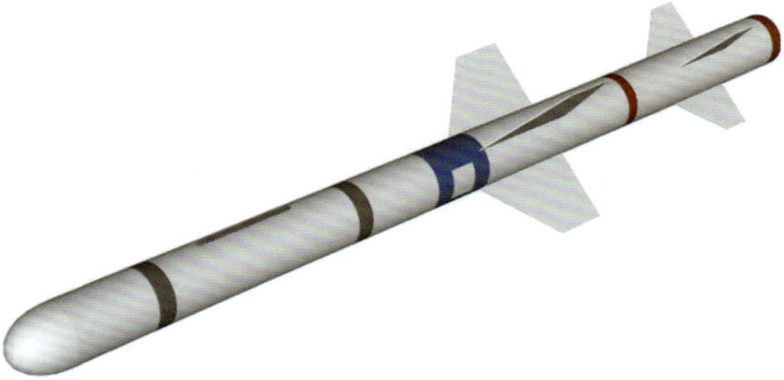

RIM-7 “海麻雀” 导弹示意图

性能解析

RIM–7 “海麻雀” 是美国海军全天候、近程、低空点防域防空导弹，用来对付地空飞机、反舰导弹和巡航导弹，改进后的导弹具有低空制导和引信低空引爆能力。

RIM-7“海麻雀”导弹发射瞬间

服役记录

1967年，“海麻雀”导弹进入美国海军服役。从此，美国海军就开始对“海麻雀”导弹进行了无休止的改进，而“海麻雀”导弹的改进几乎是与同型空对空弹同步的。

RIM-7“海麻雀”导弹及发射器

10秒速识

RIM-7“海麻雀”导弹呈细长圆柱形，头部为锥形，尾部为收缩截锥形。其基本型沿用AIM-7E的结构，但尾翼翼尖切去了一点，弹翼改为折叠式。

RIM-7“海麻雀”导弹正在发射

美国 RIM-66“标准”舰对空导弹

RIM-66“标准”（Standard）导弹是美国研制的中程舰对空导弹。

基本参数	
长度	4.72 米
直径	0.34 米
翼展	1.07 米
重量	707 千克
速度	3.5 马赫
有效射程	167 千米

研发历史

RIM-66“标准”导弹的研制计划始于 1963 年，其计划目的是生产新一代导弹，以取代美国海军现役的几种老旧导弹。在 1992 年以前，“标准”导弹都是由通用动力公司波莫纳分部制造。1992 年，休斯飞机公司买下通用动力公司波莫纳分部并与雷神公司组建了合资的“标准”导弹公司，成为休斯导弹系统公司的一个部门。后来休斯飞机公司被卖给了雷神公司，于是雷神公司成为唯一承包商。

发射中的 RIM-66“标准”导弹

弹体构造

RIM–66“标准”导弹各个型号的制导方式并不相同，RIM–66A/B 是半主动雷达导引导弹。RIM–66C 开始使用惯性导引，可在中途以指令更正航向。RIM–66M 采用惯性导引、末端红外线加半主动雷达导引，用于超视距目标或有低雷达截面的目标。

性能解析

RIM–66“标准” 导弹具有体积小，重量轻，成本低，可连续、快速发射的特点。“标准”导弹的用途比较广泛，可防空拦截、反舰，还可改装反辐射型。

RIM-66“标准” 导弹在“萨克森”级护卫舰上发射

服役记录

RIM-66“标准”Ⅰ型（A、B、E 型）于 1967 年开始服役，“标准”Ⅱ型（C、D 型）于 20 世纪 70 年代后期服役，并于 1983 年开始在“宙斯盾”系统下运作。“标准”Ⅰ型导弹与“标准”Ⅱ型中程导弹曾经在美国与伊朗于 1988 年 4 月 18 日发生的冲突中被用来攻击空中与水面目标（美国海军称之为“螳螂行动”）。

衍生型号

型号	特点
RIM-66A	1967 年开始于美国海军服役
RIM-66B	拥有新的反应更快速的自动驾驶仪
RIM-66C	第一个版本的“标准”Ⅱ型导弹
RIM-66D	使用惯性导引，只在最终阶段的拦截时需要半主动雷达导引以及目标照明。
RIM-66E	“标准”Ⅰ型的最后一个版本
RIM-66G	拥有新的火箭发动机和弹头
RIM-66J	新威胁升级版本
RIM-66M	装备有 Mk 45 Mod 9 目标探测装置

10 秒速识

RIM-66“标准”导弹采用尖卵形弹头，圆柱形弹体。该导弹采用两组控制面，形状特征较明显，第一组位于弹体底端，翼面前缘后掠，翼尖有切角，翼尖外缘前高后低。第二组位于弹体后部，采用大弦长弹翼，翼展由前向后尺寸不一，前小后大。

保存在博物馆中的 RIM-66“标准”导弹

RIM-66C 导弹

美国 RIM-116“拉姆”舰对空导弹

RIM-116“拉姆”导弹（Rolling Airframe Missile，RAM）是一种以红外线与被动雷达整合制导的轻型、点防御舰对空导弹。

研发历史

基本参数	
长度	2.79 米
直径	0.127 米
翼展	0.434 米
重量	73.5 千克
速度	2 马赫
有效射程	9 千米

1975 年，RIM-116“拉姆”导弹的研制计划被首度提出，1977 年美国通用动力公司与西德拉姆系统有限公司签署工程研发备忘录，1979 年丹麦佩尔·伍德森公司加入成为第三位合作伙伴。“拉姆”导弹第一次于 1978 年试射成功，但是后续发展非常不顺利。丹麦由原先的发展伙伴关系自行降级为观察员的身份，稍后引入“海麻雀”导弹满足他们的点防御需求。德国曾一度考虑退出研发计划，美国甚至曾终止整个开发进度，但是稍后又恢复计划的实施。“拉姆”导弹的前 30 套于 1985 年开始生产。

发射中的 RIM-116“拉姆”导弹

弹体构造

RIM–116“拉姆”导弹武器系统由导弹、发射容器和发射窑系统3部分组成。导弹采用被动雷达寻的和被动红外寻的复合制导，战斗部为WDU – 17B 型连续杆式战斗部，引信为 DSU – 15B 型主动激光近炸引信，导弹平均无故障时间为 188 小时。“拉姆”导弹平时安放在发射容器中，容器安装在发射系统的发射架上，发射容器为密封包装，可避免湿度、温度与电磁脉冲对导弹的影响，容器内有 4 条来复线式小导轨，使导弹在发射时产生初始滚动。

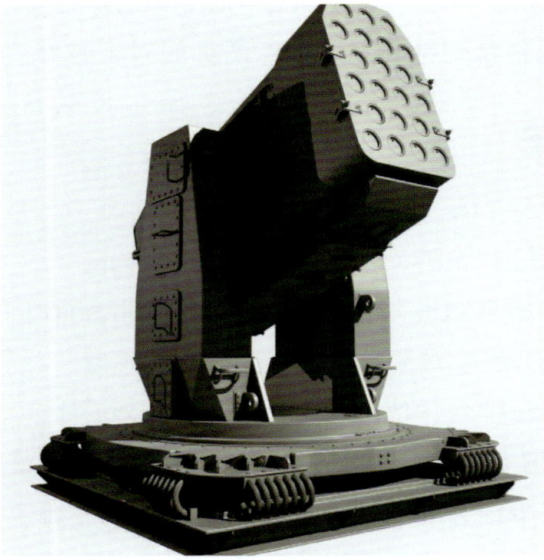

RIM-116“拉姆”导弹示意图

性能解析

在实战时，RIM–116“拉姆”导弹由舰上雷达及电子侦察设施实施搜索、跟踪和识别，并将目标的距离、方位、高低角和目标发射的电磁流频段数据输入导弹系统。导弹有自动、半自动、手动三种发射方式，可单射，也可分批齐射。

RIM-116“拉姆”导弹后侧方特写

服役记录

在 1992 年 11 月 14 日，RIM–116“拉姆”导弹于美国海军的塔拉瓦级两栖登陆舰（Tarawa–class amphibious assault ship）的第五艘——“贝里琉”号（USS Peleliu LHA–5）上正式服役。目前使用国家包括美国部分水面作战舰艇、25 艘德国舰艇及希腊、韩国、埃及等国家。此外，澳大利亚、意大利、荷兰、挪威、西班牙、土耳其与阿拉伯联合酋长国都表示出采购的兴趣。

士兵正在往发射器里填装导弹

衍生型号

型号	特点
RIM–116A	“拉姆”导弹的原始版
RIM–116B	追加了红外线制导能力

RIM-116B 导弹

10 秒速识

RIM–116“拉姆”导弹在发射的时候弹体开始旋转，借由弹体的自旋，只需要一套控制面来担任两个轴向上的控制，因此在接近导弹低端只有两具可动的控制面。

RIM-116“拉姆”导弹前方特写

俄罗斯 S-75“德维纳河”地对空导弹

S-75“德维纳河”（Dvina）是苏联第一代实用化的防空导弹系统，北约命名为 SA-2“导线”（Guideline）。

研发历史

S-75 是苏联第一代实用化的防空导弹系统，1954 年 10 月由拉沃奇金设计局设计，1957 年莫斯科五一节阅兵式公开，1957 年 12 月苏联政府批准定型，1958 年起迅速装备苏联国土防空军，到 1960 年已达到 1000 具以上发射架。

基本参数	
长度	10.6 米
直径	0.7 米
翼展	2.56 米
重量	2300 千克
速度	3.5 马赫
有效射程	48 千米

S-75 导弹前侧方特写

弹体构造

S–75 导弹有两级发动机，第一级固体燃料助推段工作 4 至 5 秒；第二级发烟硝酸 – 煤油液体发动机工作 22 秒。发射营的火控系统站能跟踪一个目标，利用三个信道同时制导三枚导弹拦截目标。

S-75“德维纳河”导弹示意图

性能解析

S–75 为苏联制造的第一代全天候中程、中、高空地对空导弹武器系统，主要担负国土和要地防空任务，重点对付远程轰炸机和侦察机。S–75 导弹的最大射程、射高、最大飞行速度、发射重量、战斗部重量等数据都在第一代舰空导弹中占据领先位置。

运输中的 S-75 导弹

服役记录

1960 年 5 月 1 日，苏军在斯维尔德洛夫斯克附近使用 S–75 导弹击落美 U–2 高空侦察机，俘获美军飞行员鲍尔斯，S–75 是唯一有击落高空侦察机战果记录的导弹。

S-75 地对空导弹

衍生型号

型 号	特 点
SA–2A	装备“扇歌”–A 制导雷达、V–750 或 V–750V 导弹
SA–N–2A	尝试安装了 1 座双联 C–75 导弹发射架和配套的雷达
SA–2B	装备了更强大的助推段发动机
SA–2C	SA–2B 的改进型，“扇歌”–C 制导雷达
SA–2D	“扇歌”–E 制导雷达，V–750SM 导弹
SA–2E	“扇歌”–E 制导雷达，V–750AK 导弹
SA–2F	“扇歌”–F 制导雷达，V–750SM 导弹

发射中的 SA-2E 导弹

10 秒速识

S-75 每个导弹发射营装备 6 枚发射架，这些发射架呈六边形布置。导弹为两级发动机，载车为吉尔 ZIL-157 半拖车，发射架为 CM-63 单臂全回转。

展览中的 S-75 导弹

俄罗斯 9K35 “箭 -10” 防空导弹

9K35 “箭 -10”（Strela-10）是一种全天候机动式近程防空导弹系统，北约命名为 SA-13 “金花鼠”（Gopher）。

研发历史

基本参数	
长度	6.6 米
宽度	2.85 米
高度	2.3 米
重量	12300 千克
速度	0.05 马赫
有效射程	500 千米

9K35 “箭 -10” 导弹的研制计划始于 20 世纪 70 年代初，是在 “箭 -1” 的基础上改进而成的，主要用于对付低空亚音速飞机。1982 年 11 月在莫斯科红场首次公展，20 世纪 80 年代，苏联平均每年至少生产 2800 枚 9K35 “箭 -10” 导弹。

9K35 “箭 -10” 导弹参加军事演习

弹体构造

9K35“箭 –10”导弹采用较大的固体火箭发动机和双波段红外导引头。因导引头灵敏度非常高，从而使 9K35 的作战性能大大提高。9K35 导弹使用四联箱式发射，除待射弹外，还有 4 枚备份弹。整个系统只需 1 人操纵，射手可实施短停顿射击。

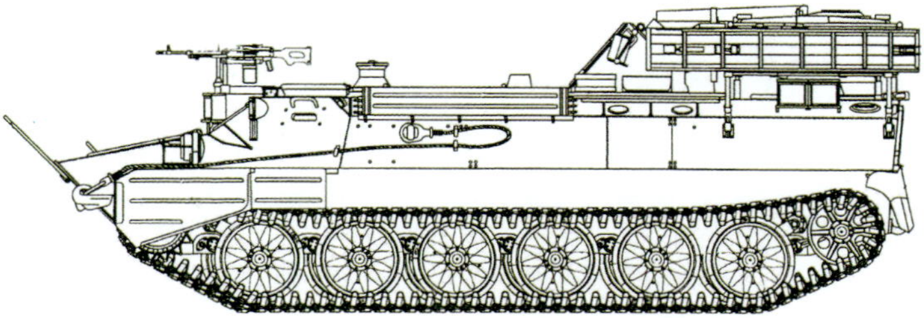

9K35“箭 -10”导弹示意图

性能解析

9K35“箭 –10”导弹具有发射后不管能力，机动性强、战斗反应迅速。此外，其作战性能较高，抗人为和背景干扰能力较强。

保存在博物馆中的 9K35“箭 -10”导弹

服役记录

9K35“箭 –10”导弹从 1975 年开始装备部队，1980 年出现于苏军驻东德集群部队。1985 年初苏联还向安哥拉、保加利亚、利比亚、捷克、叙利亚提供了一批 9K35“箭 –10”导弹地对空导弹武器系统。

9K35“箭 -10”导弹侧方特写

衍生型号

型 号	特 点
“箭 –10” M	主要攻击战斗机和直升机，透过操纵员前镜搜索目标
“箭 –10” M2	根据目标来袭方向自动调整瞄准方式，被动自导
“箭 –10” M3	采用变倍光学照准镜和操纵员前镜搜索目标，攻击范围扩大
“箭 –10” M4	采用被动搜索仪、变倍光学照准镜、操纵员前镜、夜视搜索瞄准仪 4 种方式搜索目标

“箭 -10” M3 导弹

10 秒速识

9K35“箭 –10”导弹为钝形弹头，圆柱形弹体，采用三组控制面，第一组位于弹体尾端，4 片，呈上小下大矩形组合，第二组位于第一组前端，4 片，呈直角梯形，前缘后掠。第三级位于弹头后部，与第一、二组间距较大，4 片，呈三角形。

9K35“箭 -10”导弹前侧方特写

俄罗斯 9K33 “黄蜂”地对空导弹

9K33“黄蜂”（Osa）是苏联研制的陆上机动近程低空、全天候地对空导弹武器系统，北约代号为 SA-8“壁虎”（Gecko）。

基本参数	
长度	9.14 米
宽度	2.75 米
高度	4.2 米
重量	17500 千克
速度	0.065 马赫
有效射程	500 千米

研发历史

苏联发展 9K33 是为了取代 S-6057 毫米反飞机高炮，填补肩射型 9K32 导弹系统和 S-75 中高空导弹系统之间的空隙。它的设计思想和用途与法国、联邦德国联合研制的“罗兰特”地对空导弹相似，但射程超过了后者。9K33 导弹填补了苏联近程低空防空的空白，对 20 世纪 80 年代及以后从低空和超低空突袭的来袭目标构成极大的威胁。

9K33“黄蜂”导弹前侧方特写

弹体构造

9K33“黄蜂”导弹属于第二代野战防空导弹系统，采用固体火箭发动机、高比冲推动剂和固态电子器件，从而减少了导弹和雷达的体积与重量，使整个系统可装在一辆车上。它的整个系统由一辆三轴轮式发射车和双联装发射架及一部综合制导雷达组成。当综合制导雷达受到电子干扰时，可采用装置于顶端的光学系统和第二指令发射天线跟踪目标和制导导弹，具有较强的抗电子干扰能力。

9K33“黄蜂”导弹模型图

性能解析

9K33“黄蜂”导弹是世界上较为先进的一种防低空突袭的导弹，由于它具备全天候作战能力、较强的抗干扰能力、更高的机动能力以及自主或联网作战能力，所以有很强的生存能力。

发射中的 9K33 “黄蜂”导弹

服役记录

1982 年第五次中东战争中，叙利亚与以色列在贝卡谷地发生空战，叙利亚布置的 3 个 9K33 防空导弹连被悉数摧毁。9K33 导弹还装备于华约国家的军队，此外，叙利亚、约旦、黎巴嫩和伊拉克等国的军队也装备有这种导弹。

9K33 “黄蜂”导弹前侧方特写

衍生型号

型号	特点
9K33M “黄蜂 –M”	9K33 的改进海军舰载型号
9K33M2 “黄蜂 –AK”	采用六联装发射车，每枚导弹采用密封包装
9K33M3 “黄蜂 –AKM”	加装了敌我识别系统

9K33M3“黄蜂 -AKM”导弹

10 秒速识

9K33 “黄蜂”导弹为一细长圆柱体，采用鸭式布局，弹体前部有 4 个小的梯形控制舵，4 个稳定翼位于弹体尾部，其后缘与发动机喷口齐平。舵和尾翼均按 X 形配置，并处于同一平面。

俄罗斯 9K37 “山毛榉” 防空导弹

9K37 “山毛榉” （Buk）是苏联研制的一种中低空、中近程机动式防空武器系统，北约命名为 SA-11 “牛虻” （Gadfly）。

研发历史

1979 年，乌里扬诺夫斯克机械工厂开始用 9K37 “山毛榉” 代替已服役的过时导弹系统，9K37 是俄罗斯国防部授予的正式系统型号。

基本参数	
长度	5.55 米
直径	0.4 米
翼展	1.2 米
重量	685 千克
速度	3 马赫
有效射程	30 千米

9K37 “山毛榉” 防空导弹

弹体构造

装备 9K37“山毛榉”的每个导弹营包括一辆指挥车，一辆搜索雷达车，六辆运输 – 起竖 – 发射 – 雷达车，三辆装填车。每个导弹连包括两部运输 – 起竖 – 发射 – 雷达车，一辆装填车。攻击时先快速爬升，再俯冲瞄准目标，导弹系统进入战斗状态需要 5 分钟，从目标跟踪到发射导弹需要 22 秒。

9K37“山毛榉”导弹

性能解析

9K37“山毛榉”导弹主要用来对付美国的反辐射导弹、巡航导弹以及 30 ~ 15000 米高度上的超、亚音速飞机，可同时制导三枚导弹攻击一个目标。

9K37“山毛榉”导弹前侧方特写

衍生型号

型号	特点
9K37	最原始版本，采用半主动雷达制导
9K37M1	改进版，被称为“恒河”，用于出口
9K37M1-2	使用的是 9M38 导弹
9K37MB	2005 年推出的改进型号

9K37M1-2 导弹

10 秒速识

9K37“山毛榉”导弹外形酷似“标准”防空导弹，弹体中端安装 4 片长弦短翼展控制翼面，尾端安装 4 片截短三角翼形的活动控制舵面。

9K37“山毛榉”导弹后侧方特写

俄罗斯 9K330“道尔”地对空导弹

9K330“道尔”（Tor）地对空导弹是苏联于 20 世纪 70 年代开始研制的机动型全天候近程防空武器，北约代号为 SA-15。

基本参数	
长度	2.9 米
直径	0.235 米
翼展	0.65 米
重量	167 千克
速度	2.5 马赫
有效射程	12 千米

研发历史

20 世纪 70 年代中期，苏联阿尔玛兹·安泰设计局开始研发“道尔”地对空导弹，该导弹于 1983 年设计定型并开始批量生产，之后，阿尔玛兹·安泰设计局又在基本型的基础上继续改进，研制出更先进的 9K331 “道尔”M1 和 9K332 “道尔” M2 等改进型。“道尔”导弹系统原型由俄罗斯国防部正式授予的型号是 9K330。

9K330“道尔”导弹侧方特写

弹体构造

“道尔”是世界上同类地空导弹系统中唯一采用三坐标搜索雷达，具有垂直发射和同时攻击两个目标能力的先进近程防空系统。整个系统包括一部三坐标多普勒搜索雷达、一部多普勒跟踪雷达、一部电视跟踪瞄准设备和8枚9M330导弹，均整合安装在一辆由GM-569改装的中型履带装甲运输车上。基本战斗单位是导弹发射连，由4辆导弹车和1辆指挥车组成，并配有导弹运输装填车、修理车和测试车等。

9K330“道尔”导弹示意图

性能解析

“道尔”地对空导弹具有全天候作战、三防、空运部署能力，集运输、发射、雷达等全功能于一体，可以独立完成防空作战任务，也可集成为更大的防空系统协同作战，是一种机动型全天候近程防空武器。主要用于为野战部队或各种军事目标提供近距离对空防御，击落飞机、直升机、巡航导弹、精确制导武器、无人飞机和弹道导弹等。

发射中的“道尔”导弹

服役记录

1986 年“道尔”导弹的基本型开始装备苏联陆军部队，改进型 9K331“道尔”M1 和 9K332“道尔”M2 分别在 1991 年和 2000 年开始服役。

保存在博物馆中的“道尔”导弹

衍生型号

型号	特点
9K330 "道尔"	基本型
9K331 "道尔" M1	使用 9M331 导弹，导弹精度有了很大改进，具有同时与双目标交战能力
9K332 "道尔" M2	包括搜索雷达在内的全面升级版

9K332 “道尔" M2 导弹

10 秒速识

“道尔”地对空导弹系统使用 GM-569 履带式底盘，车载 8 枚垂直发射导弹，装在两部容器中，每部容器有 4 发导弹。

“道尔”导弹前方特写

俄罗斯 2K12 “卡勃”地对空导弹

2 K 1 2 “卡勃”（Kub）导弹是苏联研制的机动式中低空中程野战地对空导弹系统，北约命名为 SA-6“根弗”（Gainful）。

基本参数	
长度	5.8 米
直径	0.335 米
翼展	1.245 米
重量	599 千克
速度	2.8 马赫
有效射程	24 千米

研发历史

20 世纪 50 年代后期，2K12 “卡勃”地对空导弹的研制工作正式开始，由苏联托罗波夫 OKB-134 特种工程设计局著名设计师伊凡·伊凡诺维奇·托罗波夫设计，1967 年该导弹正式定型，1968 年开始由莫斯科三角旗设计局与吉哈米洛夫仪器设计科学研究院生产，1985 年停止生产，时至今日，“卡勃”地对空导弹仍然在役。

2K12 “卡勃”地对空导弹系统

弹体构造

2K12“卡勃”导弹是世界上第一种采用整体式固体冲压和固体火箭组合发动机的导弹，当导弹使用固体火箭起飞速度达到1.5马赫，燃烧完的火箭将成为冲压式主发动机的燃烧室。“卡勃”导弹系统分装在两辆相同的履带车上，一辆是三联装导弹发射车，乘员3人，一辆是制导雷达车，乘员四人，适于野战防空，能对付亚音速、超音速飞机。其特点是制导雷达采用多波段多种频率工作，抗干扰能力强。

2K12“卡勃”导弹示意图

性能解析

由于采用世界首创的固体火箭和冲压一体化发动机，因此2K12“卡勃”导弹的性能较为稳定。不仅杀伤概率高，而且反应速度也快，命中精度较高。该导弹的主要缺点是制导系统技术不够先进，采用了大量电子管，因此产生了体积大、耗电多、维修不便和操作自动化低等问题。

发射中的2K12“卡勃”导弹

服役记录

在1999年的科索沃战争中，2K12“卡勃”导弹摧毁了3枚“战斧”巡航导弹。美国空军的一架F—16战斗机也曾被“卡勃”导弹击毁。“卡勃”导弹出口到28个国家，其中包括阿尔及利亚、安哥拉、保加利亚、古巴、埃及等。

展览中的2K12“卡勃”导弹

10秒速识

2K12“卡勃”导弹为尖卵形弹头，圆柱形弹体。弹体中部有冲压发动机进气孔，进气道向后延伸，外观沿弹体方向呈四道凸起。

2K12“卡勃”导弹发射瞬间

俄罗斯 S-300 地对空导弹

S–300 是苏联研制的第三代地对空导弹系统，北约命名为 SA–10“轰鸣”（Grumble）。

基本参数	
长度	5.8 米
直径	0.45 米
翼展	1.245 米
重量	1600 千克
速度	2.8 马赫
有效射程	24 千米

研发历史

1968 年，苏联国土防空司令部提出研制一种三军通用的反飞机多通道新型防空导弹系统的建议，称为 S – 500U。这一倡议得到苏联国家军事工业综合系统领导的支持。但经过陆军火箭炮兵总部的坚持，苏联国家军事工业综合系统领导做出了一个折中方案，以通用化原则为前提研制三军通用的防空导弹系统，并命名为 S – 300 系统。国土防空军使用的称为 S – 300P，陆军使用的称为 S – 300V，海军使用的称为 S – 300F。

S – 300V 导弹

弹体构造

S–300 地对空导弹有机融合了战术弹道导弹的装备构成特点，采用可形成两种破片的定向杀伤战斗部和双波束无线电引信，从而使一种导弹可同时用于对付弹道式、空气动力式两大类型的目标。为了使破片飞散方向对准目标，需要导引头测量目标相对导弹脱靶方位，在导弹与目标遭遇前0.2秒内控制导弹滚动，滚动角速度要求很高，必须达到500度 / 秒。

S-300 导弹示意图

性能解析

S–300 地对空导弹主要用于从超低空到高空、近距离到超远程的全空域抗击密集多目标空袭作战，具有全空域作战能力，机动性高，生存能力较强。

发射中的 S-300 导弹

服役记录

目前，俄罗斯国土防空部队 70% 左右的防空导弹系统为 S–300P，其他使用 S–300 导弹的国家还有土耳其、阿尔及利亚、乌克兰、印度等。

S-300 导弹后侧方特写

衍生型号

型号	特点
S–300P	最初型号
S–300PMU	针对出口市场，使用 5P85T 半拖车，5V55U 导弹
S–300PMU1	使用 48N6 陆基型导弹
S–300PMU2	使用 48N6E2 导弹

S-300PMU2 导弹

10 秒速识

S–300 导弹采用锥形弹体，头部装有导引头、无线电引信、弹上计算机及惯导装置、战斗部、固体火箭发动机和舵舱。拦截器采用无翼正常式气动布局，弹体设计为可产生升力的锥体，尾部带 4 个气动控制舵面。

S-300 地对空导弹系统

俄罗斯 S-400 地对空导弹

S-400 是俄罗斯国土防空军第三代地对空导弹系统，北约命名为 SA-21 “咆哮”（Growler）。

基本参数	
长度	7.5 米
直径	0.45 米
重量	1600 千克
速度	5 马赫
有效射程	40 千米

研发历史

S-400 导弹是俄罗斯阿尔玛兹－安泰中央设计局为俄罗斯防空军设计的新一代移动式中远程防空导弹系统。研制型号之前称为 S-300PMU-3，为 S-300 家族之一，S-400 导弹为现役性能最佳的针对大气层内飞行目标的远程防空导弹之一。

S-400 导弹前方特写

弹体构造

S-400导弹每个火力单位主要由最多12部导弹发射车、1部多功能雷达、1部可选择加强配置的目标指示雷达、1部低空补盲雷达等构成。当采用新型的40N6远程导弹时，射程可达400千米，为当今地空导弹射程之最。S-400的指挥控制系统包括一辆搜索指示雷达车和一辆指挥控制车，其照射制导雷达为先进的相控阵雷达，可同时制导多枚导弹、攻击多个目标。

部署在俄罗斯的S-400导弹

性能解析

S-400防空导弹是俄军防空部队现役最先进的主力装备，在速度、精度等方面都表现优异，是当今世界上性能最好的防空导弹系统之一。可以对付各种作战飞机、空中预警机、战役战术导弹及其他精确制导武器，既能承担传统的空中防御任务，又能执行非战略性的导弹防御任务。

S-400地对空导弹系统

服役记录

S-400 导弹没有实战经历，但美国情报机构认为，该导弹系统所经历的测试显示，它是一种强大的防空武器，目前主要在俄罗斯服役。

S-400 导弹系统雷达车特写

10 秒速识

S-400 导弹首次采用了三种新型导弹和机动目标搜索系统，继承了 S-300PMUI 系统结构，作战单元数量增加到 8 个，发射车外形与 S—300MPU 系列相类似。

S-400 导弹系统所采用的三种导弹

俄罗斯铠甲-S1防空导弹

铠甲-S1是俄罗斯研制的弹炮合一的具有单车行进间独立作战的防空导弹。

基本参数	
长度	3.2米
直径	0.17米
弹头重量	20千克
重量	90千克
速度	3.8马赫
有效射程	20千米

研发历史

铠甲-S1空对空导弹的研制计划始于1994年，当时受到军工不景气影响险些夭折，幸好找到阿联酋投资，研制才得以继续。铠甲-S1主要由俄罗斯图拉仪器制造局研发设计，是“通古斯卡”防空系统的升级版。铠甲-S1于2012年开始服役，亮相于2015年5月9日俄罗斯纪念卫国战争胜利70周年庆典。

铠甲-S1防空导弹系统前侧方特写

弹体构造

铠甲–S1空对空导弹系统由炮塔、高炮、地空导弹、发射筒、搜索雷达、跟踪雷达和光电火控系统组成。全部设备不仅可以安装在轮式或履带式运输车上，而且可以安装在舰船甲板和其他平台上。铠甲–S1配备12枚导弹，1个热成像系统，1个光学跟踪器，1个目标截获雷达系统。

铠甲-S1防空导弹呈展开状态

性能解析

铠甲–S1防空导弹可以同时发现并跟踪20个目标，既可在固定状态下，也可在行进中对其中4个目标实施打击。两种武器相互补充，能够摧毁距离在20千米以内、高度在15千米以内、速度在1300米/秒以内的各种现代化空中攻击武器。除巡航导弹、反雷达导弹、制导炸弹以及各种有人和无人战机外，“铠甲”–S1防空系统还可以打击地面和水中轻装甲目标以及有生力量。

沙漠迷彩涂装的铠甲 -S1 防空导弹

服役记录

2010 年，俄罗斯向阿拉伯联合酋长国提供了铠甲 – S1 防空导弹系统。

履带车辆版的铠甲 -S1 防空导弹系统

10 秒速识

铠甲 –S1 的外形更像“通古斯卡”系统，而不像“铠甲”基准型系统。底盘和“通古斯卡”的底盘非常相似，炮塔实际上一样，区别只是“通古斯卡”炮塔前部安装的是跟踪雷达，而“铠甲”S1 是一套带有天线整流罩的光电装置。

铠甲 -S1 导弹系统进行性能测试

英国“轻剑”地对空导弹

“轻剑”（Rapier）导弹是英国于20世纪60年代研制的地对空导弹。

基本参数	
长度	2.235米
直径	0.133米
翼展	0.138米
重量	45千克
速度	2.5马赫
有效射程	8.2千米

研发历史

为了对付日益加剧的低空威胁，英国陆军迫切需要一种防空导弹，以填补防空武器的空白。20世纪60年代初，英国开始研制简易、造价便宜的防空导弹。最初武器代号为ET-316，后来改名为“轻剑”。“轻剑”导弹由英国宇航公司和马可尼公司负责研制，1969年定型并批量生产。“轻剑”导弹是一种价格便宜，生产销售量很大的地对空导弹，目前已生产近2万枚及500多部发射架，总销售额已达30亿美元以上。

英国装备的“轻剑”地对空导弹

弹体构造

“轻剑”地对空导弹全系统可以由一辆运输车全部装载，整个系统由三座标脉冲搜索雷达及盲射跟踪雷达、自动激光跟踪器、指挥控制及信息处理、八联装发射架和无线电指令发射系统等部分组成，其牵引式光学跟踪装置和发射架分开配置，以保证操作人员安全。

性能解析

“轻剑”地对空导弹具有反应迅速、易于操作、机动性强以及便于空运等优点。

发射中的“轻剑”导弹

服役记录

1982 年英阿马岛战争中，作为英军登陆作战的骨干力量，“轻剑”导弹在“吹管”导弹的配合下，保证了登陆部队的对空安全，曾多次击落阿根廷军队的 A-4 和“幻影”飞机。在海湾战争中，英国在沙特部署了“轻剑”-2000 型防空导弹，伊拉克部署了一些“轻剑”-2 型导弹。英国的“轻剑”-2000 型导弹系统对其陆军装甲部队起到了有效的保护作用。

除了装备英国陆军外，“轻剑”地对空导弹还出口到澳大利亚、伊朗、瑞士、土耳其、新加坡等国。

“轻剑”导弹后方特写

衍生型号

型号	特点
“轻剑”-1 型	1971 年开始服役
“轻剑”-2 型	1978 年开始服役
“轻剑”-2000 型	将整个系统合并起来装在一辆载车上

士兵正在组装“轻剑”导弹系统

10 秒速识

“轻剑”导弹弹体为圆柱形，弹头为尖锥形，两组控制翼面，第一组位于弹体底部略靠前位置，面积较小，前缘后掠，第二组位于弹体中部，面积较大，前缘后掠角度大于第一组，“轻剑”-2000 型在翼尖有小型控制装置。

展览中的“轻剑”导弹

法国“阿斯特”舰对空导弹

“阿斯特”（Aster）导弹是欧洲防空导弹联合公司研制的舰对空导弹。

基本参数	
长度	4.2 米
直径	0.18 米
翼展	1 米
重量	310 千克
速度	3.5 马赫
有效射程	30 千米

研发历史

1989 年 6 月 9 日，法国宇航公司、汤姆逊公司和意大利的阿莱尼亚公司联合组成欧洲防空导弹联合公司，并开始研发新防空武器，即“阿斯特”舰对空导弹。该型导弹包括“阿斯特”15 型和“阿斯特”30 型两种型号。除了经常作为陆基或舰载的防空武装外，“阿斯特”导弹也是法国主导的 PAAMS(Principal Anti Air Missile System，主要防空 / 反导弹系统）的核心武器。

发射中的“阿斯特”导弹

弹体构造

“阿斯特”导弹使用一个通用的导弹体，通过配装不同的助推器攻击不同的目标。“阿斯特”两种型号都是两级固体导弹，采用相同的指令、主动雷达寻的制导和 15 千克的破片杀伤战斗部，主要区别是第一级，实质上是同一单级固体导弹配装了不同的助推器。该导弹使用了直接推力控制技术，在弹道终端关键的拦截阶段以侧向推进器直接产生反作用力，推动导弹撞向目标，而不是依赖弹翼控制。

“阿斯特”导弹示意图

性能解析

“阿斯特”舰对空导弹拥有不同于现役典型舰载防空导弹的动力设计，拦截精度更佳，能击毁一系列空中目标，包括掠海飞行的超音速反舰巡航导弹或具有高度机动性的战机。

英国“勇敢”级驱逐舰的“阿斯特”导弹发射装置

衍生型号

型号	特点
“阿斯特”–15	射程达到 30 千米
“阿斯特”–30	最大射程可达到 120 千米

发射中的“阿斯特”-15 导弹

10 秒速识

“阿斯特”导弹的基本构造由弹体以及附带稳定面的尾部助推器构成，气动力构型包括弹体周边的4片长条状稳定翼以及位于弹尾的十字形控制舵。

发射中的“阿斯特”-30 导弹

英国“海狼”舰对空导弹

“海狼”（Sea Wolf）导弹是英国于20世纪70年代研制的舰载短程点防空导弹系统。

基本参数	
长度	1.9米
直径	0.3米
翼展	0.45米
重量	82千克
速度	3马赫
有效射程	10千米

研发历史

1967年，反舰导弹对舰艇的威胁日益增长，各国海军迫切需要防御武器，英国海军认为用导弹拦截反舰导弹是一种积极措施，而“海标枪”舰对空导弹存在许多不足，加上当时英国海军航空母舰等大型舰艇数量减少，护卫舰等中小型舰艇数量增加，迫使英国需要装备新型舰对空导弹。1968年7月，英国航空航天公司开始研制“海狼”舰对空导弹。

弹体构造

“海狼”舰对空导弹使用六联装导弹发射器，备用弹则垂直存放于弹药库，以人力进行再装填。“海狼”采用自动指挥至瞄准线导引，在整个导弹系统中，波长较长。具有远距离搜索功能的Type-967 D频对空搜索雷达提供早期预警，波长较短、精确度较高的Type-968 E频雷达负责目标追踪，雷达将目标资料输入射控电脑并计算出接战方案与射控参数，然后自动输入发射器并完成热机，同时将发射器对准目标方位。

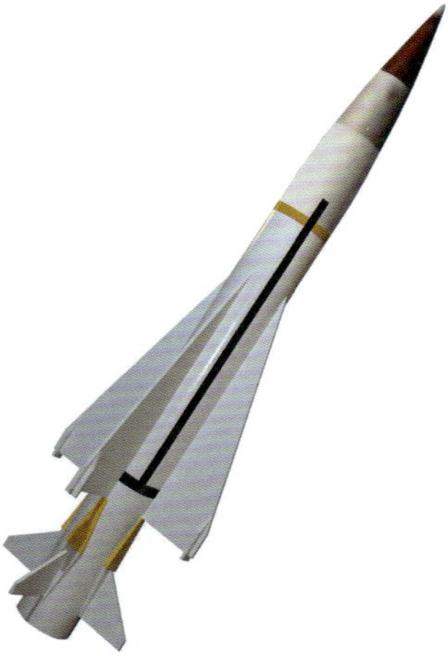

“海狼”舰对空导弹示意图

性能解析

在全天候条件下，“海狼”导弹能对小型超音速目标实施攻击，由于尺寸较小，“海狼”导弹能够直接垂直贮存在甲板下。除此之外，“海狼”舰对空导弹有射控雷达全自动操作与人工介入控制两种发射方式。

“海狼”导弹发射瞬间

服役记录

“海狼”导弹系统于 1979 年 3 月正式装备英国海军战舰，1984 年年底英国海军宣布，正在为三艘“常胜”级轻型航空母舰装备“海狼”舰对空导弹。

10 秒速识

“海狼”舰对空导弹的弹体构型采用流线风格，一组大面积十字形箭簇翼占据弹体中端，靠近弹尾处则有一组箭簇型十字控制面。

“海标枪”导弹（上）与“海狼”导弹（下）

Chapter 06

反舰导弹

自反舰导弹问世以来，随着不断的改进与发展，已经可以从多种不同的载具上使用以攻击水面舰艇，一般由弹头端、导引端和推进端组成。反舰导弹被多次用于现代战争，在现代海战中发挥了重要作用。

美国 AGM-84“鱼叉”反舰导弹

AGM-84“鱼叉”（Harpoon）导弹是美国麦克唐纳·道格拉斯公司研制的反舰导弹。

基本参数	
长度	4.6 米
直径	0.34 米
翼展	0.91 米
重量	691 千克
最大速度	0.7 马赫
有效射程	124 千米

研发历史

1965 年，美国海军航空系统司令部（NAVAIR）启动一项空射战术反舰导弹的研究方案，1969 年开始方案论证，1970 年 11 月确定开发计划，1971 年 1 月进行招标，同年 6 月从参与竞争的 5 家公司中选定麦克唐纳·道格拉斯公司为主承包商，并开始进入实际研发阶段，发展计划分为武器系统的设计、研制和鉴定试验三个阶段。1972 年 12 月开始飞行试验，直至 1977 年 3 月试验结束。在美国三军通用编号当中，AGM-84 为空射型，RGM-84 为舰射型，UGM–84 则是水下潜艇发射型，但是他们的基本结构都是相同的。

挂载于机翼下的 AGM-84“鱼叉”导弹

弹体构造

AGM–84“鱼叉”反舰导弹动力装置为一台涡喷发动机，因而它的射程可达 124 千米。其制导方式采用中端惯性制导和末端主动雷达制导。弹头处装有一台抗干扰性能较好的宽频带频率捷变主动雷达导引头。

AGM–84“鱼叉”导弹发射前，由载机上的探测系统提供目标数据，然后输入导弹的计算机内。导弹发射后，迅速下降至 60 米左右的巡航高度，以 0.75 马赫的速度飞行。在离目标一定距离时，导引头根据所选定的方式，开始搜索前方区域。捕获到目标后，AGM–84 导弹进一步下降高度，并贴海飞行。当接近敌舰时，导弹会突然跃升，然后向目标俯冲，穿入舰桥内部爆炸，以提高摧毁敌舰指管通情能量效果。

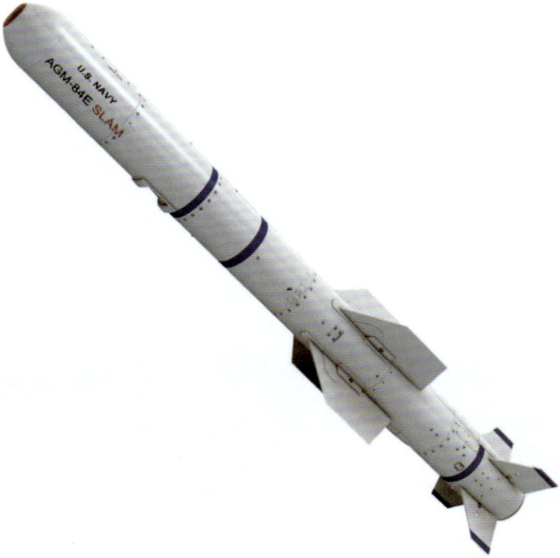

AGM-84“鱼叉”导弹示意图

性能解析

AGM–84“鱼叉”反舰导弹是美国海空军现役最主要的反舰武器，可以自飞机、各类水面军舰以及潜艇上发射。

发射中的AGM-84“鱼叉”导弹

服役记录

AGM-84“鱼叉”反舰导弹首次实战纪录发生于两伊战争期间。1980年11月，伊朗在珍珠行动之中以导弹快艇袭击并击沉了两艘伊拉克所属的“黄蜂”级导弹快艇。其中伊朗所使用的武器就包括AGM-84“鱼叉”导弹。

挂载有AGM-84导弹的P-8“波塞冬”巡逻机

衍生型号

型号	特点
AGM-84E/F/G/H/J/K/L/M SLAM	AGM-84的远程空射攻击型
RGM-84E/F/G/H/J/K/L/M SLAM	RGM-84的远程舰射攻击型
UGM-84G/L SLAM	UGM-84的远程潜射攻击型

AGM-84L 导弹

10 秒速识

AGM-84“鱼叉”导弹的弹体拥有两组十字形翼面，位于弹体中部的是 4 片大面积梯形翼，弹尾则设有 4 面较小的全动式控制面，两组弹翼前后完全平行，而且均为折叠式，折叠幅度为弹翼的一半。舰射型、潜射型导弹的火箭助推器上也有一组十字形稳定翼。

RGM-84 导弹

美国 AGM-119“企鹅”反舰导弹

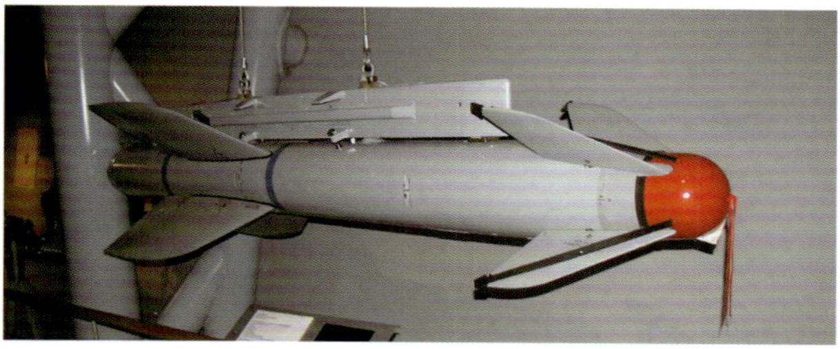

AGM-119“企鹅”（Penguin）是挪威康斯伯格防御与空间公司研制的轻型多平台反舰导弹。

基本参数	
长度	3.2 米
直径	0.28 米
翼展	1.4 米
重量	385 千克
最大速度	0.65 马赫
有效射程	55 千米

研发历史

20 世纪 60 年代初，康斯伯格防御与空间公司在西方多数国家几乎停止发展反舰导弹之际，却致力于发展 AGM-119“企鹅”反舰导弹的研发。1972 年，AGM-119“企鹅”反舰导弹开始投入使用，先后研制成功“企鹅”Ⅰ型、“企鹅”Ⅱ型、“企鹅”Ⅲ型和“企鹅”Ⅳ型等多种型号，使“企鹅”导弹成为包括舰对舰、岸对舰、空对舰的多用途、多类型反舰导弹家族。1994 年该型导弹被美国海军采用并赋予 AGM-119 的编号。

发射中的 AGM-119“企鹅”导弹

弹体构造

AGM-119 各型“企鹅”导弹的动力装置均为 1 台罗佛斯和大西洋研究中心设计的无烟固体火箭发动机。战斗部均为半穿甲爆破型，导引头为视场可变的热成像被动红外导引头，有宽、窄两种视场，宽视场在远距搜索目标阶段使用，当导弹接近目标时转入跟踪锁定目标阶段，此时将导引头的宽视场转换为窄视场。

AGM-119“企鹅”反舰导弹模型图

性能解析

AGM-119“企鹅”导弹可以以单发或多发齐射以攻击较大的船舰，在西方现役的导弹中，它是唯一一种兼具终端锁定和移动命中两种性能的导弹。在命中后，其 120 千克弹头可以在延迟引信的控制下在船体内部引爆，给敌方舰船造成致命的破坏。

F-16 战斗机挂载 AGM-119“企鹅”导弹

服役记录

AGM-119“企鹅”反舰导弹1972年服役于挪威海军，1989年服役于挪威空军。1994年被美国海军所采用。除此之外，还被西班牙、澳大利亚、瑞典、希腊、韩国和土耳其等国采用。

AGM-119“企鹅”导弹发射瞬间

10秒速识

AGM-119“企鹅”反舰导弹各个型号采用相同的鸭式气动外形布局和相似的弹体结构，4片箭羽式控制舵面和稳定弹翼分别位于弹体前部和后部，前舵和弹翼均呈X形配置，处于同一水平面上。圆柱形弹体头部呈卵形，尾部呈半球形，弹体内部采用模块化舱段结构。

挂载于SH-60直升机上的AGM-119“企鹅”导弹

美国 AGM-123“叩头虫”2 反舰导弹

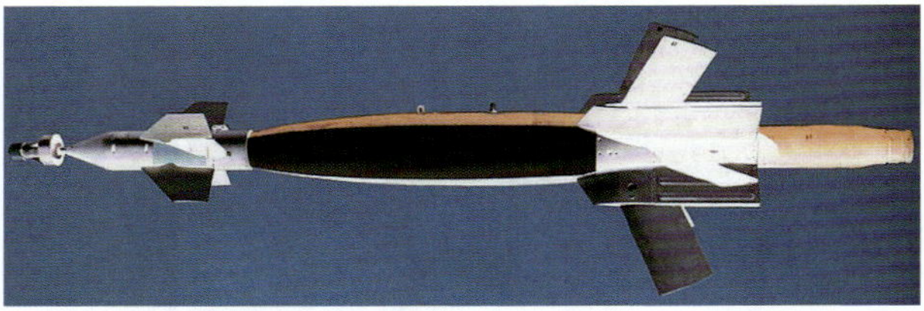

AGM-123“叩头虫”2（Skipper II）是在美国海军现役“宝石路”2 系列激光制导炸弹基础上研制的一种反舰导弹。

研发历史

基本参数	
长度	4.3 米
直径	0.5 米
翼展	1.6 米
重量	582 千克
最大速度	0.081 马赫
有效射程	25 千米

AGM-123“叩头虫”2 反舰导弹由美国海军武器中心于 1978 年开始方案论证，1980 年开始研制，1982 年开始飞行试验，1985 年选定埃默森公司为主承包商，并投入批量生产，1988 年停产，批量生产总数达 4369 枚，月生产率 133 枚，单价 2.8 万美元。

A-6 攻击机发射 AGM-123“叩头虫”2 导弹

弹体构造

AGM–123“叩头虫”2 反舰导弹是在“宝石路”2 系列中的 GBU–16B/B 低空激光制导炸弹上加装 1 台由航空喷气公司研制的 WPU–5/B 固体火箭发动机，该发动机是由 MK78 发动机改进而来。此外，还对制导控制舱内的微处理机和陀螺位标器作了改进，由微处理机控制的综合组件构成。采用风标式半主动激光导引头使之适用于“叩头虫”2 的作战环境需求。

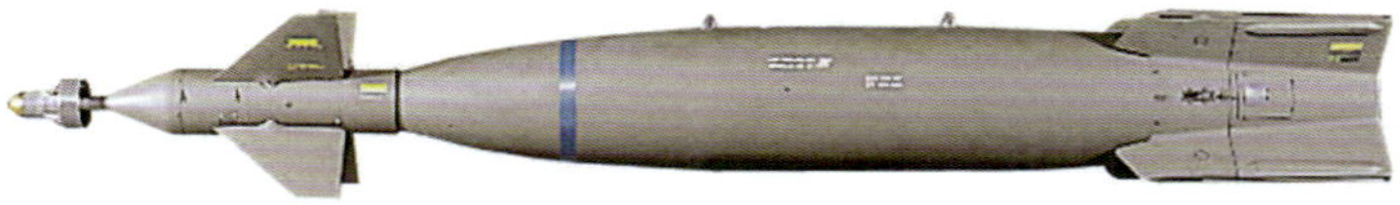

AGM-123“叩头虫”2 导弹示意图

性能解析

AGM–123“叩头虫”2 反舰导弹具有更远防区外射程、且成本更低，故又称之为“动力推进激光制导炸弹”，满足了海军舰载攻击飞机对海上舰艇目标实施大规模防区外攻击的要求。

工作人员为战机装载 AGM-123 导弹

服役记录

AGM-123“叩头虫”2反舰导弹曾在1991年海湾战争中成功地用来攻击伊拉克的舰艇目标，据称其破坏威力与AGM-65E激光制导导弹相当，但其单价却低得多。

10秒速识

AGM-123“叩头虫”2导弹采用气动外形布局，弹体是45千克重的MK83 Mod 5通用爆破炸弹，重新设计后的弹翼和尾部，可以安装固体火箭发动机。

展览中的AGM-123“叩头虫”2导弹

美国 BGM-109“战斧”巡航导弹

BGM-109“战斧”（Tomahawk）导弹是美国通用动力公司研制的一款巡航导弹。

基本参数	
长度	6.25 米
直径	0.52 米
翼展	2.67 米
重量	1600 千克
速度	0.73 马赫
有效射程	2500 千米

研发历史

苏联在冷战时期最先将巡航导弹使用于武装冲突中，其推陈出新的各类巡航反舰导弹严重刺激了美国，美国也开始研制巡航导弹。BGM-109 是美国防部联合通用动力公司研制的一种巡航导弹，1976 年首次试射，1983 年装备部队。其中 BGM-109B 导弹是“战斧”导弹系列中的反舰导弹。

发射中的 BGM-109“战斧”导弹

弹体构造

BGM-109“战斧”导弹的设计采用模组化方式，使用“小牛”导弹的454千克传统高爆弹头、“鱼叉”反舰导弹的AN/DSQ-28雷达寻标头与IBM系统4 Pi电脑。此外还拥有反辐射模式，可以跟踪并锁定电子干扰讯号源加以攻击。BGM-109“战斧”导弹发动机采用了J402-CA400单轴涡喷发动机。

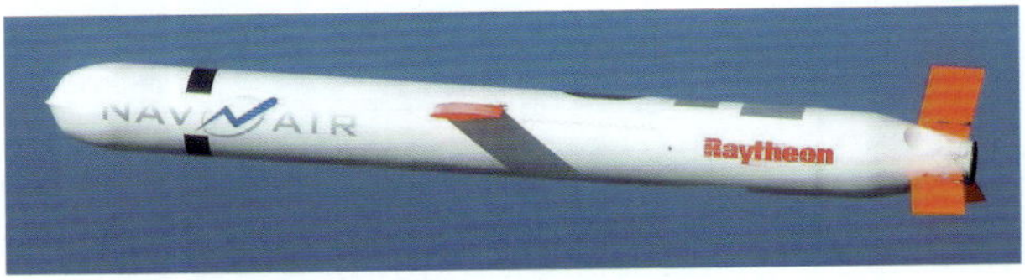

BGM-109“战斧”导弹示意图

性能解析

BGM-109导弹是美国研制的一种从敌防御火力圈外投射的纵深打击武器，能够自陆地，船舰，空中与水面下发射，主要用于对严密设防区域的目标实施精确攻击。

BGM-109导弹发射瞬间

服役记录

1991 年海湾战争中，“战斧”式导弹首次投入大规模使用。美军的主要发射平台是游弋于波斯湾、红海的 18 艘战舰。主要目标是伊军指挥控制机构、核生化武器设施、防空阵地、萨达姆地下住地和指挥中心。共发射 288 枚，发射成功 282 枚，被伊军拦截 29 枚，占 10%。

F-14 战斗机发射 BGM-109 导弹

衍生型号

型号	特点
BGM-109A	第一种携带核弹头的型号
BGM-109B	反舰型
BGM-109C	对陆攻击型，配备 454 千克高爆弹头
BGM-109D	对陆攻击型，配备内含 166 枚 BLU-97/B 炸弹的高爆集束弹头
UGM-109E	潜射反舰巡航导弹
BGM-109G	地面发射巡航导弹，配备 W84 核弹头
AGM-109H	中程空对地巡航导弹

BGM-109G 导弹

10 秒速识

BGM-109 导弹的最前端是导引系统模组，位于这个模组后方的则是一到两个前端弹身配载模组，这个模组可以携带燃料或者是不同的弹头。第三段是弹身中端模组，是主要的燃料与弹翼的所在位置。

BGM-109“战斧”巡航导弹

俄罗斯 Kh-31 反舰导弹

Kh–31 是俄罗斯研制的一种能由战术飞机发射的超音速反舰导弹，北约命名为 AS–17“氪星”（Krypton）。

研发历史

基本参数	
长度	4.7 米
直径	0.36 米
翼展	0.914 米
重量	610 千克
速度	3.5 马赫
有效射程	150 千米

Kh–31 导弹是俄罗斯于 20 世纪 90 年代研制的配备最新火箭冲发动机的战术导弹，于 1991 年迪拜航展首次对外展出。目前确定有 Kh–31A 反舰型和 Kh–31P 反辐射型两种型号，另外还有 Kh–31U 增程型和 Kh–31H 改进型两种反辐射型号尚处于研究阶段。

挂载于机翼下的 Kh-31 导弹

弹体构造

Kh–31 的弹体后端装有 4 台环绕弹体的火箭冲压发动机，占导弹全长的 2 / 3 左右。导弹发射时先启动火箭发动机，当速度到达 M1.8 时再启动冲压发动机。

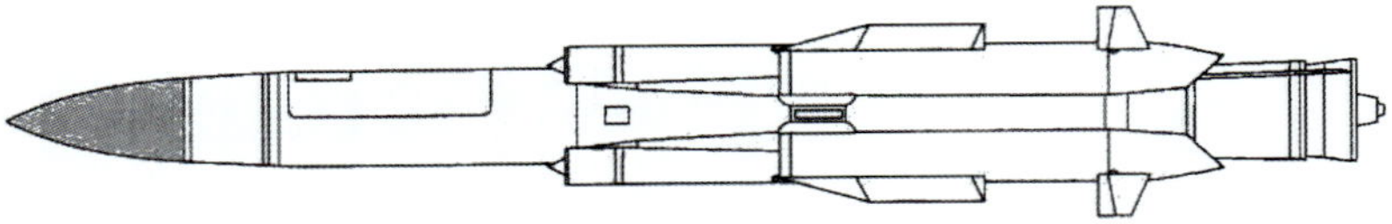

Kh-31 导弹示意图

性能解析

Kh–31 导弹对苏联的战术空对舰导弹发展来说是新的尝试，由于该系列导弹的最高速度高达 3 马赫以上，因此颇受西方国家关注。

苏 -30 战斗机与 Kh-31 导弹

服役记录

Kh–31 导弹于 1988 年开始正式服役，目前装备 Kh–31 导弹的国家主要有俄罗斯、阿尔及利亚、叙利亚、印度等。

挂载有 Kh-31 导弹的苏 -35 战斗机

衍生型号

型号	特点
Kh-31P	两种长度不同的衍生型，全长分别为 4.7 和 5.23 米
Kh-31A	配备有主动雷达导引头，发射后先采用惯性制导

Kh-31P 导弹

10 秒速识

Kh-31 导弹每台发动机的后端都装有梯形稳定翼和方形控制翼，每台控制翼的顶端装有一条特殊的皮脱导流管。

Kh-31 导弹前方特写

俄罗斯 Kh-35 反舰导弹

Kh-35 反舰导弹是俄罗斯研制的喷气式亚音速反舰导弹，北约命名为 SS-N-25“弹簧刀”（Switchblade）。

研发历史

基本参数	
长度	4.4 米
直径	0.42 米
翼展	1.33 米
重量	610 千克
速度	0.8 马赫
有效射程	300 千米

Kh-35 导弹于 1983 年开始研制，其研制进度受苏联解体的影响较大，直到 2003 年才最终定型并开始批量生产，Kh-35 导弹主要被设计用于攻击 5000 吨以下的舰只，因与美国“鱼叉”反舰导弹类似，又被戏称为“鱼叉斯基”。

发射中的 Kh-35 反舰导弹

弹体构造

Kh–35 反舰导弹系统由反舰导弹、导弹储运发射箱、发射架、舰载自动控制和包括导弹检测设备在内的地面设备组成。Kh–35 反舰导弹由惯导系统控制，在末端由抗干扰的主动雷达将导弹导向目标。高爆破片战斗部由触发引信引爆，对目标实施打击。

Kh-35 反舰导弹示意图

性能解析

Kh–35 反舰导弹可以由直升机、飞机、水面舰艇发射，也可加装助推器后在岸上发射，具有抗电子干扰能力。该导弹在固定翼飞机上使用时，固体火箭助推器可根据作战需要拆卸。

Kh-35 导弹前侧方特写

服役记录

Kh-35 导弹的舰射型于 1993 年服役，空射型于 1995 年服役。有资料称俄罗斯还在研制对陆攻击型。

Ka-52 直升机与 Kh-35 反舰导弹

10 秒速识

Kh-35 反舰导弹采用气动外形布局，4 片切梢三角形折叠式大弹翼位于弹体中部，4 片切梢三角形折叠式小控制舵面位于弹体后部。主动雷达导引头天线位于导弹头部，惯性中制导和主动雷达末制导系统均位于头部制导舱内。

Kh-35 反舰导弹（左）与 Kh-31 反舰导弹（右）

俄罗斯 P-15“白蚁”反舰导弹

P-15“白蚁”导弹是彩虹设计局研制的苏联第一款成熟的舰对舰导弹，北约命名为 SS-N-2“冥河”（Styx）。

基本参数	
长度	5.8 米
直径	0.76 米
翼展	2.4 米
重量	2580 千克
速度	0.95 马赫
有效射程	80 千米

研发历史

20 世纪 50 年代，苏联淘汰了存在明显不足的 P-1 导弹，之后又开发了用于“肯达”级巡洋舰的 P-5 导弹，由于当时驱逐舰的反舰导弹并未更新，苏联需要一款新导弹武装大量更小的导弹艇作为海战的拳头，因此提出了研制 P-15 导弹的计划，由苏联彩虹设计局研制，是世界上最早创下击沉军舰纪录的反舰导弹。

从导弹艇上吊下的 P-15 导弹

弹体构造

P–15 是一种飞航式导弹，采用中端自动驾驶仪和末端主动雷达寻的复合制导方式；战斗部为聚能穿甲型。发射时，助推器将导弹加速到接近 1 马赫的巡航速度后会自动脱落，主发动机继续工作，使导弹保持在巡航速度下飞行。巡航期间用自动驾驶仪控制，巡航高度大约在 50 米范围内。当导弹飞入目标区内，以末制导雷达或红外末制导设备导引。

性能解析

P–15 导弹主要装备导弹艇，适于攻击大中型水面舰船。导弹能在海面上空 50 米高度上飞行，借助雷达高度表还可以飞得更低。

P-15 导弹后侧方特写

服役记录

P-15 导弹曾装备于苏联的“蚊子”级导弹快艇上。在第三次中东战争中，埃及海军的“蚊子”级导弹快艇用艇上的 P-15 导弹击沉了以色列海军的“埃拉特”号驱逐舰，创造了小艇战胜大舰的辉煌纪录，震惊了全世界。这是海战史上首次海上导弹战，显示了反舰导弹的威力，也显示了导弹快艇具有小艇打大舰的作战效能。

运输中的 P-15 导弹

10 秒速识

P-15 导弹外形类似一架“小飞机”，改进后的导弹弹翼由固定型变为活动型。在发射箱内，弹翼处于折叠状态，飞离发射箱后，弹翼自动展开，呈飞行状态。

P-15 导弹前侧方特写

俄罗斯 P-500“玄武岩”反舰导弹

P–500“玄武岩”（Bazalt）导弹是俄罗斯海军配备的采用液体火箭冲压发动机推进的一款超音速反舰导弹，北约命名为 SS–N–12 “沙盒”（Sandbox）。

基本参数	
长度	11.7 米
直径	0.88 米
翼展	2.6 米
重量	4800 千克
速度	2.5 马赫
有效射程	550 千米

研发历史

20 世纪 50 年代，苏联切洛梅伊设计局开始研制一种重型远程超音速反舰导弹，是苏联第二代远程舰射和潜射飞航式反舰导弹。P–500“玄武岩”导弹于 1973 年研制成功，主要用于打击敌航空母舰和其他大型作战舰船。

P-500“玄武岩”导弹前侧方特写

弹体构造

P-500“玄武岩”导弹动力装置为液体火箭冲压发动机加两具外挂固体火箭助推器，采用被动/主动雷达中端航空/卫星中续制导模式，须依赖舰上装设的“活力皿”卫星数据接收系统和卡-27直升机进行中继制导。在巡航过程中，数枚导弹可以相互协作调整飞行姿态及轨迹：其中一枚导弹可以保持在7000米高度巡航并使用其主动雷达寻敌，然后将此引导信息发送给其他在较低高度巡航的导弹。

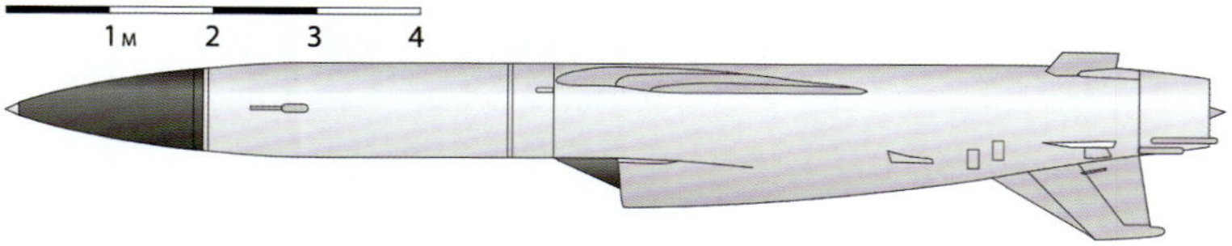

P-500“玄武岩”导弹示意图

性能解析

作为苏联第二代超音速反舰导弹，P-500“玄武岩”虽然射程远威力大，但该弹最大的缺陷是攻击弹道呆板，尤其是攻舰末端不具备任何复杂的机动规避弹道模式，而且其巡航高度相对较高，一旦被对方发现容易遭到拦截。

P-500“玄武岩”导弹发射架

服役记录

P-500“玄武岩”导弹1975年装备苏联海军，主要装备“光荣”级巡洋舰、“基辅”级航空母舰和“回声”级（E级）核潜艇。

10秒速识

P-500导弹弹体为钛合金制造，弹头为1吨常规炸药或35万吨TNT当量的核炸药。

俄罗斯 P-800“红宝石”反舰导弹

P-800“红宝石”（Oniks）是俄罗斯切洛梅设计局设计的超音速反舰导弹，北约命名为 SS-N-26“球果”（Strobile）。

基本参数	
长度	8.9 米
直径	0.7 米
翼展	1.7 米
重量	3000 千克
速度	2.5 马赫
有效射程	300 千米

研发历史

20 世纪 80 年代后期，苏联开始研制新型反舰导弹，由切洛梅设计局开发制造，尽管在 20 世纪 90 年代俄罗斯遭遇严重的经济危机，但是新型导弹的研制工作仍然取得了重大的进展。90 年代中期，新型导弹系统进入试验阶段，1999 年在莫斯科航展上推出了第一个导弹样品，作为第四代反舰导弹，这种新型反舰导弹被命名为“红宝石”。

P-800“红宝石”前侧方特写

弹体构造

P–800“红宝石”导弹采用复合导航系统，巡航端为惯性导航，末端为有源雷达制导。该导弹使用积分式固体燃料起动加速器的超音速冲压喷气巡航发动机，发动机进气道位于头锥中心线的两侧，呈对称配置。导弹射出发射筒后，发动机的固体燃料加速器启动，只需几秒就可使导弹加速到 2 马赫以上。然后，固体燃料加速器关闭，导弹靠冲压式液体燃料喷气发动机继续以 2.5 马赫左右的速度飞行。在整个飞行过程中，导弹始终处于敌方舰载防空系统的发现区低界以下。在进入飞行的最后阶段，反舰导弹开始跃出无线电地平线，导弹雷达导引头重新开机，截获并跟踪目标。

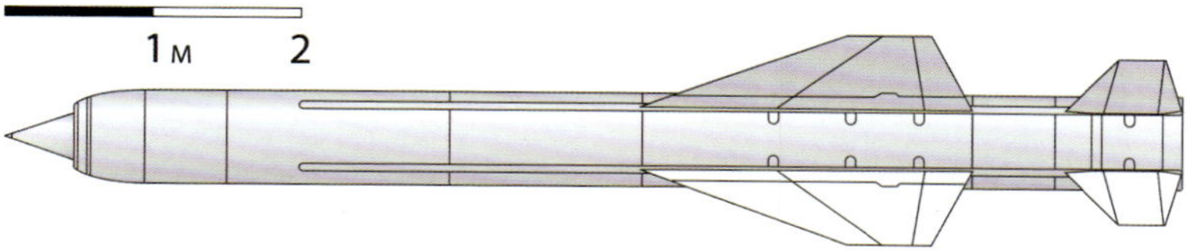

P-800“红宝石”反舰导弹示意图

性能解析

P–800“红宝石”反舰导弹具有重量轻、尺寸小、隐身性好、飞行速度快、发射后不用管等特点。该弹具有超强的攻击能力，可在较强火力攻击和复杂的电子干扰条件下，对敌水面舰艇编队或单个水面战舰目标实施单发或齐射攻击。“红宝石”导弹对外界条件要求非常低，无须特殊维护与保养。

苏 -33 战斗机与 P-800“红宝石”反舰导弹

服役记录

P–800“红宝石”反舰导弹目前主要装备俄罗斯海军，其他使用该型导弹的国家还包括印度、印尼、叙利亚等。

发射中的 P-800“红宝石”反舰导弹

10 秒速识

P–800“红宝石”导弹采用标准的空气动力外形，安装有梯形折叠主翼和尾翼，发动机设置了迎面进气口。

P-800“红宝石”导弹前侧方特写

俄罗斯/印度“布拉莫斯”反舰导弹

“布拉莫斯”(Brahmos)是俄罗斯和印度合作研制的超音速反舰巡航导弹。

基本参数	
长度	8.4 米
直径	0.6 米
翼展	1.7 米
重量	3000 千克
速度	3 马赫
有效射程	300 千米

研发历史

1995 年 12 月，印度与俄罗斯开始联合研制超音速反舰导弹。后因研制经费不足，未能完成预定的型号研制任务。1998 年 2 月，印度国防部研究与发展局（DRDO）与俄罗斯导弹生产和设计商（NPO）联合体签订了联合研制“布拉莫斯”超音速反舰巡航导弹的谅解备忘录。在印度联合组建“布拉莫斯”航空航天合资公司，决定共同研制开发设计代号为 P-J 10，名称为“布拉莫斯”的超音速巡航导弹。2001 年 6 月“布拉莫斯”进行首次导弹试射。

印度装备的“布拉莫斯”反舰导弹

弹体构造

“布拉莫斯”导弹采用复合制导方式，巡航端采用惯性制导，末端采用主/被动雷达导引头。导弹在飞行末段下降到10米左右，贴近海平面并作蛇形机动弹道飞行，以躲避敌方拦截。其动力系统采用固体火箭助推器和冲压喷气发动机。导弹在飞行过程中一般多采用被动制导方式，以降低被敌方发现的概率，提高导弹的命中概率。

“布拉莫斯”反舰导弹示意图

性能解析

“布拉莫斯”反舰导弹具有超音速、多弹道的性能特点，其突防能力、抗干扰能力和抗反导拦截能力都是世界上数一数二的。

苏-30战斗机装备的“布拉莫斯”反舰导弹

服役记录

2016 年 8 月 3 日，印度政府批准在该国东北部中印边境附近部署“布拉莫斯”反舰巡航导弹团，此次部署的是印度军队接装的第 4 个“布拉莫斯”导弹团。

“布拉莫斯”导弹前侧方特写

10 秒速识

“布拉莫斯”导弹采用梭镖式气动布局，弹身表层涂有印度自行研制生产的雷达吸波涂料。

展览中的“布拉莫斯”反舰导弹

法国“飞鱼”反舰导弹

“飞鱼”（Exocet）导弹是法国宇航公司研制的反舰导弹。

基本参数	
长度	4.7米
直径	0.348米
翼展	1.1米
重量	670千克
速度	0.92马赫
有效射程	180千米

研发历史

20世纪60年代，“飞鱼”反舰导弹的研制工作正式开始，由欧洲著名的军火制造商法国宇航公司开发制造，1968年首次对外公开。舰射型服役后，法国宇航公司又开始研制空射型和潜射型。空射型于1972年首次试射。潜射型于1979年公开。飞鱼导弹在1980年开始正式服役后，经历过许多实战检验，是一种整体性能评价优异的反舰导弹系统。

发射中的“飞鱼”反舰导弹

弹体构造

“飞鱼”导弹整个导弹由导引头、前部设备舱、战斗部、主发动机、助推器、后部设备舱、弹翼和舵面组成。发射前的启动时间需要60秒，主要是预热寻标头的磁通管，需要输入的资料包括目标距离和航向、载具本身的航向、速度以及垂直参考点，此外还可以额外添加寻标头雷达搜索角度，雷达开启距离、终端飞行高度以及引信选择。

“飞鱼”反舰导弹示意图

性能解析

“飞鱼”反舰导弹的主要攻击目标是大型水面舰艇，可以在接近水面5米的高度飞行但不接触水面，在飞行时采用惯性导航，等到接近目标后才启动主动雷达搜寻装置，因此在接近目标前不容易被发现。

“飞鱼”AM39 导弹

服役记录

1987 年 5 月 17 日，一架伊拉克战机发射了两枚“飞鱼”导弹击中美国海军“史塔克”号巡防舰（USS Stark FFG-31），造成该舰严重损伤。根据资料显示“史塔克”号在中弹前，完全没有侦测到来袭的“飞鱼”导弹。

目前还在使用“飞鱼”导弹的国家，包括法国、德国、巴基斯坦、阿拉伯联合酋长国、阿根廷、新加坡、南非、巴西、阿曼、埃及、伊拉克、科威特、利比亚、卡达与秘鲁等国家。

挂载于直升机上的“飞鱼”反舰导弹

衍生型号

型 号	特 点
MM38	第一款服役的导弹，舰射型
AM39	能够适应载具超音速飞行的需求，空射型
SM 39	生产数量不多，大约在 150 枚左右，潜射型
MM40	采用数位电路和新寻标器，舰射与陆基发射型

“飞鱼”SM 39 潜射型导弹

10 秒速识

“飞鱼”反舰导弹采用典型正常式气动布局，4 个弹翼和舵面按 X 形配置在弹身的中部和尾部。

“飞鱼”反舰导弹发射瞬间

美国海军巡防舰在波斯湾被“飞鱼”导弹击中

Chapter 07

单兵便携式导弹

单兵便携式导弹诞生于20世纪70年代之后，是一种体积小、重量轻、射程近的轻型导弹武器，在历次战争中都发挥了重要作用，主要发射方式大致可分为肩扛式发射和依托式发射。

美国 FIM-92“毒刺”便携式防空导弹

FIM-92“毒刺”（Stinger）导弹是美国研制的便携式防空导弹，主要用于战地前沿或要地的低空防御。

基本参数	
长度	1.52 米
直径	0.07 米
弹头重量	3 千克
重量	15.19 千克
速度	2.2 马赫
有效射程	8 千米

研发历史

FIM-92“毒刺”防空导弹于 1972 年开始研制，是美国为了替换“红眼”导弹而在其基础上发展起来的一种单兵肩射近程防空导弹武器系统。美国通用动力公司于 1967 年开始研制的“红眼”II 专案是 FIM-92“毒刺”导弹的开发起点，1971 年美国陆军接受了该专案成果，注资开发；1972 年 3 月“红眼”II 专案改名为“毒刺”，代号 XFIM-92A，导弹原型在 1973 年 4 月开发，原定于 1973 年 11 月开始测试，但实际上直到 1975 年 2 月才完成原型弹，1975 年 3 月开始测试。1975 年 7 月，XFIM-92A 大致解决了各种技术问题。美国陆军在 1978 年 4 月正式采购 FIM-92 导弹，替换老旧的 FIM-43“红眼”防空导弹。

美军士兵发射 FIM-92“毒刺”导弹

弹体构造

FIM-92“毒刺”导弹被设计为一种易于搬运和操作的防御型导弹，虽然官方要求两人一组操作，但是单人也可操作。FIM-92“毒刺”导弹由两节小型固体火箭喷射口提供推力，喷焰在发射者后方安全距离外，发射时，将电池冷冻模组（BCU）插入手把，将一股氩气流注入系统，并使瞄准器和导弹通电，但电池只有有限的气体量，不能随便使用，在缺乏保养的情况下，电池的使用寿命将会大大缩短。

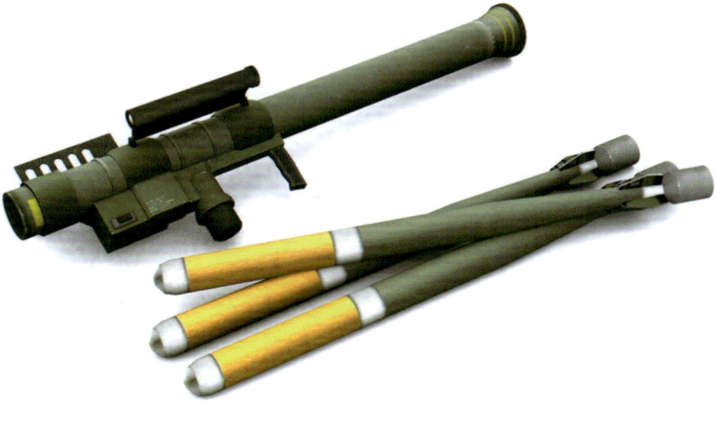

FIM-92“毒刺”导弹示意图

性能解析

FIM-92“毒刺”导弹能全方位攻击高速、低空和超低空飞行的飞机和直升机。具有可靠性高、操作使用简便、重量轻，机动能力强等特点。由于采用第二代冷却锥形扫描红外自动导引弹头，当友军和敌军双方的飞机同时在空域上空时，FIM-92“毒刺”导弹能提供全方位探测和自导引能力。除此之外，“毒刺”导弹还可装载在“悍马”车改装的平台上或者M2“布拉德利”步兵战车上。

发射中的FIM-92“毒刺”导弹

服役记录

1982年5月21日FIM-92“毒刺”导弹首次应用于实战，在英阿马岛战争中，英军特种部队部署了6具“毒刺”导弹。英军原有一名接受过“毒刺”导弹使用训练的特别空勤团士兵，本应由他来教授其他士兵使用，但他在5月19日的一次直升机事故中丧生。不过，另外一名未经过训练的特别空勤团士兵于5月21日击落了1架阿根廷对地攻击机。

美国士兵正在搬运 FIM-92“毒刺”导弹

10 秒速识

一套 FIM-92 “毒刺”导弹系统由发射装置组件和一枚导弹、一个控制手柄、一部敌我识别（IFF）询问机及一个氩气体电池冷却器单元（BCU）组成。发射装置组件由一个玻璃纤维发射管和易碎顶端密封盖、瞄准器、干燥剂、冷却线路、陀螺仪－视轴线圈以及一个携带吊带等组成。

展览中的 FIM-92“毒刺”导弹

美国 BGM-71“陶”式便携反坦克导弹

BGM-71“陶”式（Tow）反坦克导弹是现在世界上最广泛使用的一款反坦克导引导弹。

基本参数	
长度	1.51 米
直径	0.152 米
翼展	0.46 米
重量	22.6 千克
速度	0.94 马赫
有效射程	4.2 千米

研发历史

BGM-71“陶”式导弹最初由休斯飞机公司在 1963-1968 年间研制，代号 XBGM-71A，设计目标是地面和直升机都能使用。1968 年，休斯飞机公司获得了一份全面生产合约。1970 年，美国陆军开始部署这种武器系统。在被采用后，“陶”式导弹取代了当时服役的 106 毫米 M40 无后坐力炮和 MGM-32“安塔克”导弹，并且取代了当时直升机使用的 AGM-22B 导弹作为机降反坦克武器。

美国士兵正在使用 BGM-71“陶”式导弹

弹体构造

BGM–71“陶”式导弹采用红外线半主动制导，武器系统由导弹、发射装置和地面设备3部分组成，是一种管式发射、光学瞄准、红外自动跟踪、有线制导的第二代重型反坦克导弹武器系统。

BGM-71“陶”式导弹示意图

性能解析

BGM–71“陶”式导弹的特点是发射平台种类多，使用较为灵活。M220发射器是步兵在使用“陶”式导弹时的主要发射器，可以架在其他平台上使用，包括M151 MUTT吉普车、M113装甲运兵车和“悍马”车，这种发射器严格来说可以单兵携带，但非常笨重。“陶”式导弹采用有线制导方式，射程受限，发射平台也容易遭到敌方火力打击。

参与丛林作战训练的 BGM-71“陶”式导弹

服役记录

美军在第四次中东战争中曾大量使用 BGM-71“陶”式反坦克导弹，并取得了良好的战果。在海湾战争中，多国部队共发射了 600 多枚 BGM-71 导弹，击毁了伊拉克军队 450 多个装甲目标，至今该导弹还出口到世界上 50 多个国家和地区。

士兵搬运 BGM-71“陶”式导弹

衍生型号

型号	特点
BGM-71A	休斯管射光学追踪线控导引导弹
BGM-71B	改良射程
BGM-71C	改良锥形装药弹头
BGM-71D	改良导引、引擎和加大主弹头
BGM-71E	使用串联战斗部为击毁反应装甲做优化
BGM-71F	使用爆炸成形弹进行顶部攻击
BGM-71G	改用穿甲弹设计，未生产
BGM-71H	为对抗加固建筑而生产的“碉堡克星”

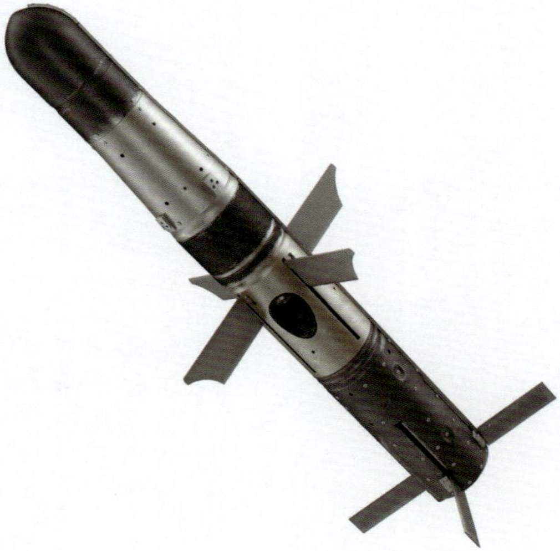

BGM-71A 导弹

10 秒速识

BGM-71 “陶”式导弹弹体为柱形，前后两对控制翼面。第一对位于弹体尾部，4 片对称安装，为方形；第二对位于弹体中部，每片外端有弧形内切，后期改进型的弹头加装了探针。“陶”式导弹的发射筒也是柱形，自筒口后三分之一处开始变粗，明显呈前后两段。

白色涂装的 BGM-71 “陶”式导弹

美国 FGM-148“标枪”便携反坦克导弹

FGM-148“标枪”（Javelin）导弹是美国德州仪器公司和马丁·玛丽埃塔公司联合研发的一款单兵反坦克导弹。

基本参数	
长度	1.1 米
直径	0.127 米
弹头重量	8.4 千克
重量	22.3 千克
速度	0.4 马赫
有效射程	4.75 千米

研发历史

FGM-148“标枪”导弹于1989年开始研制，研制工作由德州仪器公司和马丁公司共同完成，1994年开始批量生产，1996年正式服役，以取代控制手段落后的M47“龙”式反坦克导弹，FGM-148“标枪”是世界上第一种采用焦平面阵列技术的便携式反坦克导弹。

美国士兵正在发射 FGM-148“标枪”导弹

弹体构造

FGM–148“标枪”导弹武器系统配备一个红外线成像搜寻器，并使用两枚锥形装药的纵列弹头，前一枚引爆任何爆炸性反应装甲，主弹头贯穿基本装甲。射击前，射手将发射筒前盖取下，瞄准控制单元对准目标，当搜索到目标时按下锁定快门，这时的目标图像就是导弹攻击寻的蓝本。导弹射出后，无论是运动还是静止中的目标图像特征，在成像寻的器上都是连续变化的，处理单元就是依靠这些特征信号连续变化中的相关性，自动识别和跟踪目标。

FGM-148“标枪”导弹示意图

性能解析

FGM–148“标枪”导弹的软发射能力使它的后焰区域非常小，便于从多种建筑物内发射，在都市战中更具优势。“标枪”导弹顶部攻击时的飞高可达 150 米，直接攻击时则是 50 米。“标枪”导弹的攻击威力大于 M47“龙”式反坦克导弹，与“陶”2 改进型相当。“标枪”导弹的缺点重量大，射程较近。

发射中的 FGM-148“标枪”导弹

服役记录

FGM–148“标枪”导弹曾用于 2003 年的伊拉克战争，并对伊拉克的 T–72 坦克和 69 式坦克予以毁灭性打击。“标枪”导弹的主要用户除了美国外，还有英国、法国、澳大利亚、沙特阿拉伯、阿联酋、阿塞拜疆、新西兰、挪威、立陶宛、印度、印度尼西亚、捷克、巴林、格鲁吉亚、爱尔兰、约旦、卡塔尔和阿曼等国家。

FGM-148“标枪”导弹发射瞬间

10 秒速识

“标枪”导弹采用焦平面阵列技术，配备一个红外线成像搜寻器，2 枚锥形装药的纵列弹头发动机由串联在一起的起飞发动机和续航发动机组成。

FGM-148“标枪”导弹局部特写

俄罗斯 9K32“箭”2 防空导弹

9K32“箭”2（Arrow 2）导弹是苏联第一代便携式肩射低空域地对空导弹，北约命名为 SA-7“圣杯”（Grail）。

基本参数	
长度	1.44 米
直径	0.072 米
弹头重量	1.15 千克
重量	9.8 千克
速度	1.47 马赫
有效射程	2.3 千米

研发历史

20 世纪 60 年代，苏联斥资为战术部队打造全领域的导弹防御体系，最初由托罗波夫 OKB-134 特种工程设计局研制，后转由科洛姆纳设计局（Kolomna）研制，苏联在开发过程中借鉴了“红眼”导弹的设计技术，但同时也融合了苏联自己开发的成果，由于苏联始终无法突破微型化红外线寻标器技术，因此在第一款投入的 9K32“箭”2 导弹上使用了比“红眼”导弹设计更简略的红外线寻标器设计。西方将“箭”2 导弹定名为 SA-7，导弹正式编号 9K32，弹头编号 9M32。

发射中的 9K32“箭”2 防空导弹

弹体构造

9K32“箭”2 防空导弹采用目视机械瞄准和红外线导引方式，使用一具固体助推器与一部单室双推力固体火箭发动机，起飞工作时间 0.5 秒，续航工作时间 2 秒。其改进型在导引头上增加了红外滤波器和弱红外辐射跟踪装置，安装了目标自动截获装置，目标捕捉、测定和导引头控制全部实现了自动化，提高了在复杂环境中的快速反应能力。

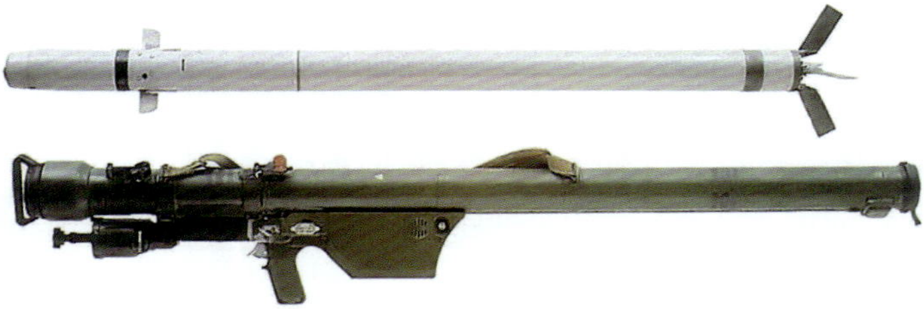

9K32“箭”2 防空导弹示意图

性能解析

9K32“箭”2 防空导弹虽然其射程、速度、作战高度有限，只能白天使用，但可迫使敌飞行员在 9K32 作战范围以外高飞，增加了敌飞行器被雷达发现以及被其他防空武器击落的机会。作为一种追尾攻击导弹，它的作战性能依赖于锁定敌低空飞行器热源的能力。9K32“箭”2 导弹对付低空慢速战机，尤其是对付直升机特别有效，可以多联装在履带车或轮式装甲车上逐枚射击或齐射，还可供单兵立姿或跪姿发射。

9K32“箭”2 防空导弹前方特写

服役记录

1969 年 8 月，9K32“箭”2 导弹首次投入实战。埃及在苏伊士运河地区的一次战斗中，用“箭”2 导弹击落 6 架以色列飞机。在 1973 年的第四次中东战争中，埃及和叙利亚曾使用八联装自行式“箭”2 防空导弹，沉重地打击了以色列低空飞机和直升机，为阿拉伯军队在战争初期赢得主动做出了巨大贡献，使以军在开战一周内损失 78 架飞机。

埃及陆军装备的9K32“箭”2防空导弹

10秒速识

9K32“箭”2防空导弹筒身细长，手柄之后的筒身呈无变化曲线。筒口端略粗，下方热电池/冷气瓶平行于筒身安装，瓶底有一细柄前伸。该武器所使用的导弹弹体细长，采用两组控制面。第一组位于弹体底端，4片弹翼，似弹体的自然外张；第二组位于弹体前端，尺寸较小，弹头为钝圆形。

9K32“箭”2防空导弹上方视角

俄罗斯 9K38“针”式防空导弹

9K38“针”式（Igla）防空导弹是苏联研制的一种便携式近程低空防空导弹系统，北约命名为 SA-18“松鸡”（Grouse）。

基本参数	
长度	1.574 米
直径	0.072 米
弹头重量	1.17 千克
重量	10.8 千克
速度	1.9 马赫
有效射程	5.2 千米

研发历史

在 9K32“箭”2 便携式防空导弹服役后不久，苏军便发现该武器虽然有着突出的优点，但缺点也不少，于是决定研制一款更先进的便携式防空导弹。20 世纪 70 年代，科洛姆纳设计局以 9K32“箭”2 便携式防空导弹为蓝本，加入了许多新技术、新材料，最终研制出 9K38“针”式便携式防空导弹。

9K38“针”式导弹发射瞬间

弹体构造

9K38“针”式防空导弹采用双通道红外导引头，导引头内的目标选择逻辑装置能够识别由超音速目标发射的各种红外假目标，抗红外干扰能力很强，可以对付信号弹、闪光弹和调制式红外干扰等多种干扰方式。除了战斗部外，依据目标状况的不同，还可剩余0.6～1.3千克固体推进剂，与战斗部同时引爆。除此之外，在引爆战斗部之前的瞬间，导引头逻辑装置能将导弹瞄准点从目标的发动机尾焰区转向机体中部，确保对目标的最大杀伤。作战时，射手只需发现目标并通过瞄准装置瞄准，激活电池，将扳机向后扳到底，后续发射程度、敌我识别询问、弹上系统激活和导弹发射都可自动进行。

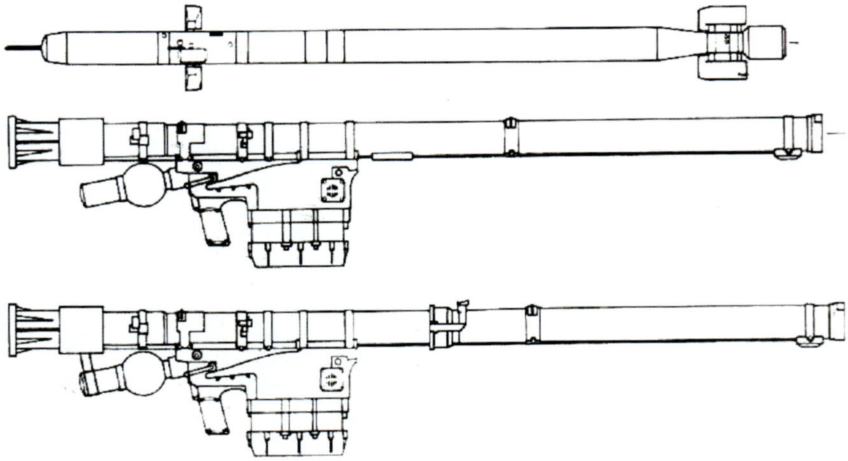

9K38“针”式防空导弹示意图

性能解析

9K38“针”式防空导弹可攻击多种目标，方式灵活。该导弹可攻击低空机动和非机动目标，包括固定翼飞机、悬停直升机、巡航导弹等。不仅能尾追攻击目标，而且还能从下面和侧面攻击目标，实现了全向攻击。9K38“针”式防空导弹是俄罗斯现役最先进的便携式地空导弹系统之一。

士兵正在发射 9K38“针”式防空导弹

服役记录

9K38“针”式防空导弹 1983 年开始进入部队服役，除了俄罗斯，还外销到 30 多个国家，包括美国、叙利亚、伊朗、巴西等国。

士兵正在分配 9K38“针”式防空导弹

衍生型号

型号	特点
“针”式 –1A	出口型
“针”式 –1D	伞兵特种部队版，导弹和发射器可拆装数段
“针”式 –1E	出口型
“针”式 –1M	1980 年于苏联服役
“针”式 –1N	重弹头型
“针”式 –1S	被大幅改良射程、更敏锐追踪器，更多感应器，可以抗衡一些反制手段，弹头也被加大
“针”式 –1V	空射型，装备于直升机

“针” 式 -S 导弹

10 秒速识

9K38“针”式弹头头部装有整流锥，前舱内装有双通道被动红外导引头。

展览中的 9K38 “针” 式防空导弹

俄罗斯 9M14“婴儿”反坦克导弹

9M14“婴儿”（Malyutka）导弹是苏联研制的步兵反坦克武器，北约命名为 AT-3“赛格”（Sagger）。

基本参数	
长度	1 米
直径	0.125 米
弹头重量	3.5 千克
重量	12.5 千克
速度	0.38 马赫
有效射程	3 千米

研发历史

20 世纪 50 年代后期，位于柯洛姆纳的涅波别季梅机械制造设计局开始研制 9M14“婴儿”反坦克导弹。1965 年 5 月，“婴儿”反坦克导弹首次出现在莫斯科红场举行的阅兵式上。之后，又陆续出现了多种改进型号。该系列导弹直到 20 世纪 80 年代初才停产，总生产量超过 2 万枚。

挂载于战车上的 9M14“婴儿”导弹

弹体构造

9M14“婴儿”导弹全套武器系统由导弹、发射装置、制导装置组成。发射时，射手将导弹安放在发射架的导轨上，接通导弹与控制盒的电缆，指示灯显示正常工作状态。此时射手用瞄准镜捕捉目标，按下按钮发射导弹，借助控制盒上的手柄发出指令。导弹接收到指令后不断修正弹道，在飞行 200 米距离后引信自动解脱保险，命中目标时起爆战斗部将其摧毁。

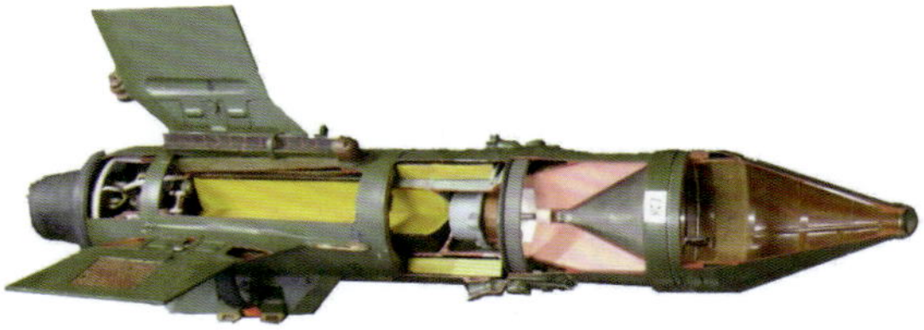

9M14“婴儿”导弹示意图

性能解析

9M14“婴儿”导弹与其他同类武器相比具有体积小、重量轻、射程远、威力大等优点，在苏联第一代反坦克导弹中性能较好。但它的飞行速度较低，易受风力影响，死区较大，最小射程 300 米，不能攻击距离太近的目标，射手操作较困难。

9M14“婴儿”导弹的控制器

服役记录

9M14“婴儿”反坦克导弹于1963年开始服役，主要装备苏军的装甲战车。在1973年第四次中东战争中，因埃及军队利用9M14“婴儿”导弹伏击以色列装甲部队而声名大噪。

发射中的9M14“婴儿”导弹

衍生型号

型号	特点
9M14	基本型号
9M14M	改进型号，1973年投入使用
9M14P	改进型号，1969年投入使用
9M14-2	改进型号，20世纪90年代开始服役

安装在 BVP M80A 步兵战车上的 9M14“婴儿”导弹

10 秒速识

9M14“婴儿”反坦克导弹弹体用玻璃纤维制成，后部 4 片尾翼略成倾斜状，使导弹在飞行中通过旋转能够保持稳定。

9M14“婴儿”导弹前侧方特写

俄罗斯 9M131“混血儿”M 反坦克导弹

9M131“混血儿”M（Metis M）导弹是俄罗斯研制的便携式反坦克导弹，北约命名为 AT-13“萨克斯”2（Saxhorn 2）。

基本参数	
长度	0.98 米
直径	0.13 米
弹头重量	4.95 千克
重量	13.8 千克
速度	0.59 马赫
有效射程	2 千米

研发历史

1979 年，苏联研制出“混血儿”1（Metis 1）反坦克导弹系统（使用 9M115 导弹），用来强化基层部队的反坦克能力，其北约代号为 AT-7“萨克斯”。1990 年，又推出了“混血儿”2 反坦克导弹，改用尺寸较大的 9M131 型导弹，增加了有效射程。1992 年，图拉仪器设计局又在“混血儿”2 的基础上研发出适于城市作战的“混血儿”M 导弹，1996 年又根据车臣城市战的经验教训对它进行了再改进。

展览中的 9M131“混血儿”M 导弹

弹体构造

9M131“混血儿”M 反坦克导弹发射架配备有性能较先进的观瞄系统和电子控制设备。该导弹采用半自动指令瞄准线制导装置，作战反应时间为 8 ~ 10 秒。

9M131“混血儿”M 导弹示意图

性能解析

9M131 “混血儿”M 导弹是一种体积小、重量轻的便携式多用途武器，可由3人小组携带。“混血儿”M导弹方便在城市作战中快速运动携带，攻击装甲目标击毁率高，具有多用途使用的特点，成本低且利于大量生产装备。攻击力来自两种战斗部。一种是对付爆炸式反应装甲的改进型9M131导弹，在清除反应装甲后还能侵彻800～1000毫米厚的主装甲。另一种是用于对付掩体及有生力量的空气炸弹，采用燃料空气炸药战斗部，可对付掩体目标、轻型装甲目标和有生力量。

发射中的9M131“混血儿”M导弹

衍生型号

型号	特点
9M131	基本型号
9M131F	改进型号，弹头重量增加到4.95千克
9M131M	改进型号，配用串联聚能破甲战斗部
9M131FM	改进型号，配用燃料空气炸药战斗部

9M131F 导弹

10 秒速识

9M131 “混血儿”M 反坦克导弹系统由发射装置和筒装导弹构成。

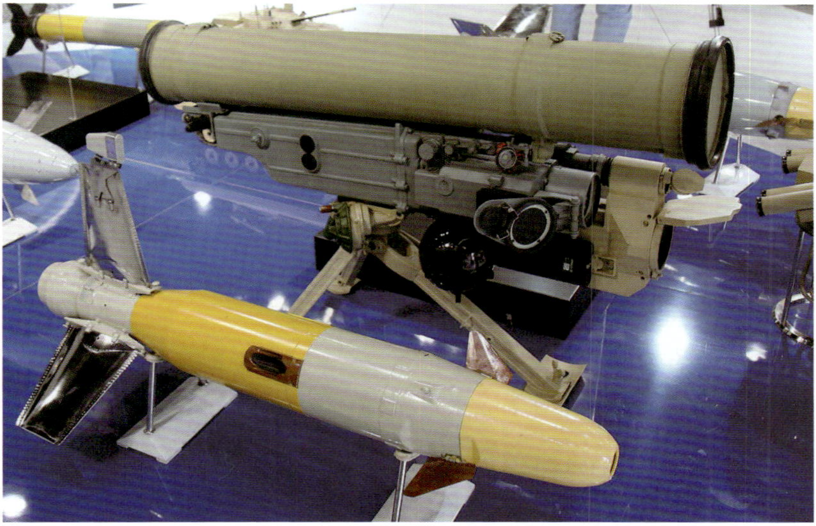

9M131 “混血儿”M 反坦克导弹系统

俄罗斯 9M133“短号”反坦克导弹

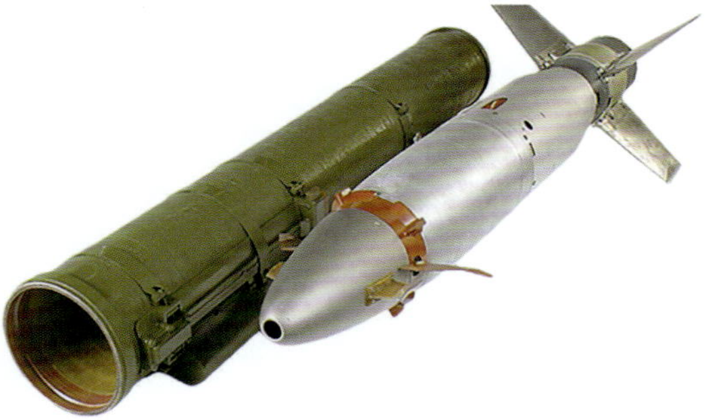

9M133“短号”（Kornet）反坦克导弹是俄罗斯图拉仪器设计制造局研制的便携式反坦克导弹，北约命名为 AT–14“夺宝妖精”（Spriggan）。

研发历史

基本参数	
长度	1.2 米
直径	0.152 米
翼展	0.46 米
弹头重量	4.6 千克
重量	27 千克
有效射程	5.5 千米

20 世纪 80 年代后期，9M133“短号”反坦克导弹由图拉仪器设计制造局研制，1994 年 10 月首次亮相，用于取代有线制导的第二代 AT–5“竞赛”式反坦克导弹。北约称之为 AT–14，属于第三代重型反坦克导弹系统。

士兵正在指导使用 9M133“短号”导弹

弹体构造

9M133“短号”反坦克导弹动力装置由1台起飞发动机和1台续航发动机组成，起飞发动机把筒装导弹推出发射筒后，续航发动机便开始工作，为了对付不同的目标，“短号”反坦克导弹配备了2种战斗部，即9M133-1反坦克战斗部和9M133F-1多用途战斗部。

9M133“短号”反坦克导弹示意图

性能解析

9M133“短号”反坦克导弹既能打击坦克也能打击慢速低飞的直升机。因为制造成本较高，目前只装备于特定单位及部队。

衍生型号

型 号	特 点
9M133-1	采用串联战斗部
9M133F-1	采用温压战斗部

10秒速识

9M133“短号”反坦克导弹采用鸭式布局，前面有2片可以折叠的鸭式舵，弹体为圆柱形，尾部有4片折叠式梯形稳定翼。它的外形就像小型的AT-7“混血儿”导弹。

展览中的 9M133“短号”导弹

英国“星光”防空导弹

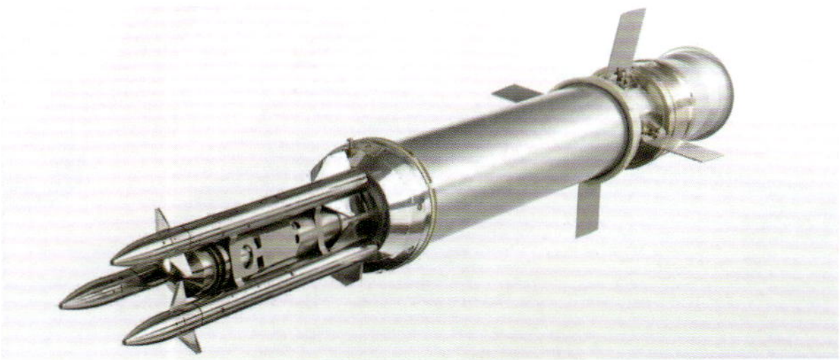

“星光”（Starstreak）是英国研制的便携式防空导弹，是世界上最快的短程防空导弹。

基本参数	
长度	1.397 米
直径	0.13 米
弹头重量	0.9 千克
重量	14 千克
速度	4 马赫
有效射程	7 千米

研发历史

“星光”导弹最初被设计为一种单兵便携式快速反应防空导弹系统，用以替代“吹管”和“标枪”导弹。1986 年正式开始其研制计划，1988 年首次试验成功，随后继续进行改进设计，到 1993 年年底，共生产了 422 枚，研制及生产的总费用 2.7 亿英镑。“星光”是 20 世纪 90 年代同类导弹中最先进的导弹之一，之后又发展出三脚架型、轻便车载型、装甲车载型以及舰载型等多种型号。

英国士兵在测试“星光”防空导弹

弹体构造

“星光”导弹的控制与制导装置使用的是半主动视线指挥系统，采用二级固体火箭发动机，内装高能助推剂，可在瞬间使导弹达到最大速度，发动机具有一个安全系统，使导弹离开发射器达到安全距离后发动机再开始点火。当主火箭发动机工作完毕，3个“标枪”弹头便会实现自动分离并开始寻找目标。“星光”导弹的瞄准装置包含两个激光二极管，一个垂直扫描和一个水平扫描，构成一个二维矩阵。“星光”导弹的3枚杀伤弹头在这个矩阵中飞行，可利用可控尾翼沿轴线调整其位置以提高命中概率，目标跟踪和导弹制导均由光电或毫米波雷达跟踪器完成。

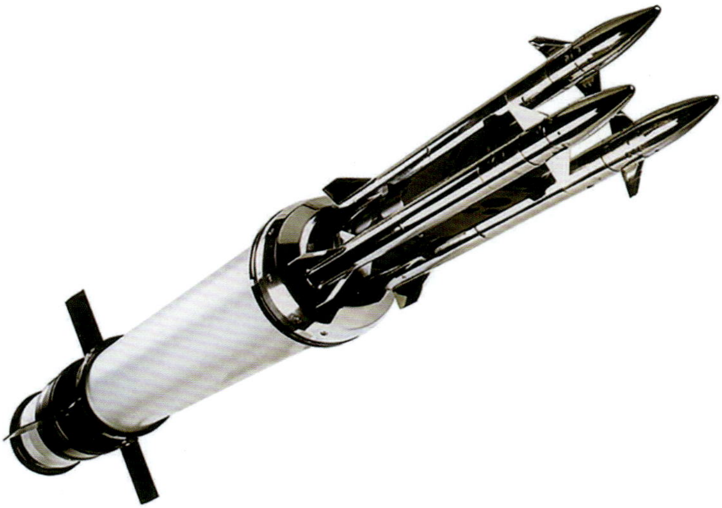

“星光”导弹示意图

性能解析

“星光”导弹具有速度快、反应时间短、发射方式多样、单发杀伤概率高等特点，已成为国外近程防空导弹市场上的有力竞争者，最大特点在于采用新型的三弹头设计，3枚弹头增加了杀伤区域范围，增高了至少一枚击中目标的概率，高速导弹降低了其他潜在对抗措施的效能时间。

发射中的“星光”导弹

服役记录

2012 年，英国国防部宣布在伦敦公寓小区楼顶部署星光防空导弹以保卫伦敦奥运会。截至 2017 年，“星光”防空导弹尚未参与实战。

伦敦奥运会上的“星光”导弹

10 秒速识

“星光”防空导弹弹体为圆柱体，弹体后部有“十”配置的矩形尾翼。导弹前端为 3 个“标枪”弹头。呈正三角形分布，弹头为鸭式布局。

英国 / 瑞典 MBT LAW 反坦克导弹

MBT LAW 反坦克导弹的正式名称为“主战坦克及轻型反坦克武器”（Main Battle Tank and Light Anti-tank Weapon，MBT LAW），是瑞典和英国联合研制的短程反坦克导弹。

基本参数	
长度	1.016 米
直径	0.15 米
翼展	0.2 米
重量	12.5 千克
速度	0.7 马赫
有效射程	1 千米

研发历史

21 世纪初，瑞典萨博·博福斯动力公司和英国泰利斯防空公司开始联合研发 MBT LAW 反坦克导弹，MBT LAW 选用了“比尔”2 反坦克导弹的双高爆反坦克战斗部和 AT-4 反坦克火箭筒的发射系统，将发射方式设计为肩射式，属于一次性使用的武器，发射一次以后需要将其抛弃。

士兵使用 MBT LAW 导弹进行作战训练

弹体构造

预测瞄准线技术是MBT LAW导弹的核心技术，该技术的实质是预测目标在下一时间点的位置。发射前，导弹制导系统的电子设备会记录使用者的瞄准过程、计算和预测瞄准线。射手不必考虑坐标的距离和角速度，就可发射导弹。发射后由弹载电子计算机控制其飞行，不管距离目标多远，导弹在弹道上的位置都能保证导弹与目标相遇。正是有了这项技术，才使MBT LAW导弹实现发射后不管，成为威力很大的第三代反坦克导弹。

MBT LAW 导弹示意图

性能解析

MBT LAW是一种软发射反坦克导弹系统，城镇战中步兵可以在一个封闭的空间之内使用。MBT LAW有攻顶和直接攻击两种方式，射手可通过一个开关选择攻击方式。在攻顶模式下，导弹可轻易地贯穿最先进的主战坦克的顶部防护以摧毁目标。而直接攻击时，导弹直接与装甲目标碰撞后引爆以摧毁目标。

便携式 MBT LAW 反坦克导弹

服役记录

2009 年 MBT LAW 反坦克导弹开始准备英国陆军，命名为“次世代轻型反坦克武器”（Next-generation Light Anti-tank Weapon，NLAW），在瑞典国防军服役的 MBT LAW 被命名为 Robot 57。

装备 MBT LAW 导弹的英国士兵

10 秒速识

MBT LAW 采用锥形装药方式，弹头为上空飞行攻顶 / 直接模式混合，发射方式为肩射。

瑞典 RBS 70 防空导弹

RBS 70 导弹是瑞典陆军研制的用以对付高速飞机及直升机的便携式防空导弹。

基本参数	
长度	1.32 米
直径	0.106 米
翼展	0.32 米
重量	87 千克
速度	2 马赫
有效射程	8 千米

研发历史

20 世纪 60 年代初，瑞典军队提出了新型便携式防空导弹的要求，瑞典博福斯公司于 1969 年开始研制这种便携式防空导弹。在参考美国 FIM-92 “毒刺” 便携式防空导弹后，该公司于 1976 年成功推出了新型便携式防空导弹的原型，在 1977 年通过军方测试后，定型为 RBS 70 便携式防空导弹，是世界上第一种配备激光制导设备的便携式防空导弹系统。

发射中的 RBS 70 防空导弹

弹体构造

RBS 70 防空导弹系统由筒装导弹和三脚架式发射装置组成，采用正常式气动布局，装有两级固体火箭发动机和激光波束接收机及小型计算机、破片杀伤式战斗部，激光驾束制导。发射时，导弹从弹箱内以 50 米 / 秒的速度抛射，之后主固体燃料火箭发动机开始启动，在 6 秒之内使导弹加速到超音速。操纵员锁定目标，使其保持在稳定瞄准仪视野之内。通过激光非接触引信或撞击引信引爆，使用聚合子母弹药摧毁目标。

RBS 70 防空导弹示意图

性能解析

RBS 70 防空导弹的主要特点是远程拦截来袭目标，具有较高的命中精度和杀伤概率，稳定性强，可高效对抗各种人工和自然干扰。能攻击低飞到地面的目标，还可在夜间使用，具备较强的发展、改进潜力。

RBS 70 导弹前侧方特写

服役记录

1987 年的 1 ~ 2 月，装配在“陆虎”越野车上的 RBS 70 自行防空导弹系统出现在战场上，以较高的机动性能为基础，在伊拉克战机的飞行路线上组织伏击。在两伊战争期间，伊拉克共有 40 架左右的战机被伊朗防空系统击落，其中大部分由 RBS 70 击落。目前澳大利亚、阿根廷、巴林、委内瑞拉、印度尼西亚、伊朗等国都装备有 RBS 70 防空导弹。

瑞典士兵与 RBS 70 防空导弹

衍生型号

型号	特点
RBS 70（Mark 0）	第一个量产版本
RBS 70（Mark 1）	第二个量产版本
RBS 70（Mark 2）	第三个量产版本
RBS 90	具有遥控的双重或三重发射器
RBS 70（BOLIDE）	为打击巡航导弹和无人航空载具而研制
RBS 70NG	具有齐全的夜战配备

RBS 70（Mark 2）导弹

10 秒速识

RBS 70 防空导弹采用标准空气动力学布局，战斗部在头部隔舱内，激光辐射接收器在尾部隔舱内，喷口设在导弹的上腹部。其所有部件都装配在三脚架上。三脚架上部有装配制导装置、导弹运输发射箱专用的固定节点，下部有射手操纵员座椅。

RBS 70 导弹前方特写

法国“西北风”防空导弹

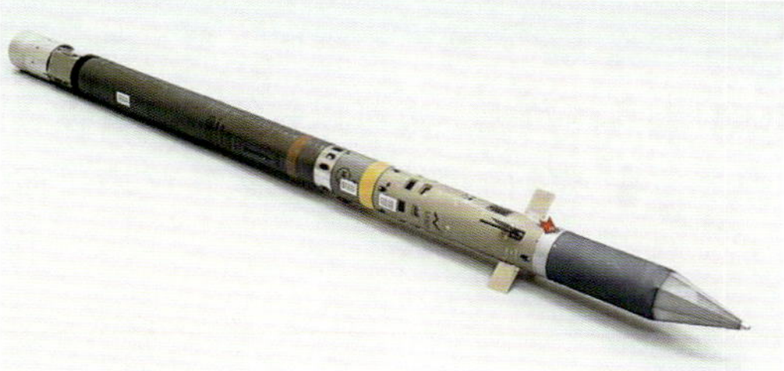

“西北风”（Mistral）防空导弹是法国马特拉公司研制和生产的一款被动红外线导引便携式防空导弹。

基本参数	
长度	1.86 米
直径	0.09 米
弹头重量	2.95 千克
重量	18.7 千克
速度	2.6 马赫
有效射程	6 千米

研发历史

20 世纪 80 年代，法国军方要求马特拉公司研制一款便携式防空导弹。之后，马特拉公司参考了美国 FIM-92“毒刺”便携式防空导弹的设计，同时融合自身的技术，进行了一系列创新，最终推出了“西北风”便携式防空导弹。法国研制便携式防空导弹的起步时间较晚，但却博采了各国导弹的长处，研制出具有自身特点的高性能便携式防空导弹系统。

法国士兵正在使用“西北风”导弹

弹体构造

“西北风”防空导弹弹体本身以两级固体装药火箭发动机为动力，采用被动红外线导引头。基本型“西北风”导弹将发射管与锁定瞄准装置都装设在其以三脚架为主体的便携式发射装置上，组成发射站以方便使用。发射时，使用者坐在三脚架的座椅上进行瞄准与射击。这种方式的优点可以减少长时间警戒时士兵的负担，也可以较简单地装设夜间瞄准装置。在发射器上时，导弹最多在2秒内可使陀螺仪运转起来，而且5秒完成发射准备。

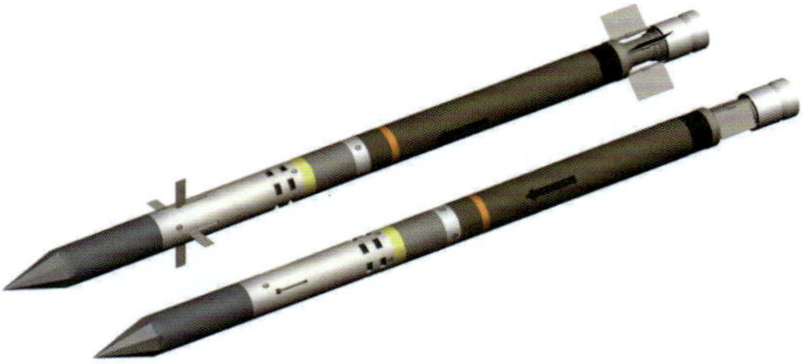

“西北风”导弹示意图

性能解析

“西北风”防空导弹可在发射前截获6千米距离上的战斗机和4千米距离上的直升机，具有全向攻击能力。战斗部威力巨大，可在50厘米距离上击穿6毫米厚的钢板，有较强的杀伤力。

安装在战车上的“西北风”导弹

服役记录

1999年3月23日，在第二次刚果战争期间，被卢旺达部队所使用的“西北风”导弹击落了津巴布韦空军的BAE鹰式教练机战斗机。除了法国军方的大量订单以外，“西北风”导弹现在已经在25个国家的37支武装力量中部署，包括奥地利、比利时、巴西、智利、哥伦比亚等国的军队。

发射中的“西北风”导弹

10秒速识

“西北风”防空导弹弹头特征明显，为八棱锥头罩结构，其他导弹均采用卵形或者半球形弹头。发射筒前端下方有圆柱形冷却瓶。通常采用简易三脚支架发射，三脚架开有环形减速重孔，射手坐姿射击。

法国士兵与“西北风”导弹

法国/德国“米兰”反坦克导弹

“米兰”（MILAN）导弹是法国和德国联合研制的轻型便携式反坦克导弹。

基本参数	
长度	1.2米
直径	0.115米
翼展	0.26米
重量	7.1千克
速度	0.59马赫
有效射程	2千米

研发历史

1963年，法德两国签署协议，决定联合研制两种新型反坦克导弹——“米兰”导弹和“霍特”导弹，“米兰”导弹主要用于陆军步兵反坦克作战以及地面车辆装载使用，基本型于1972年装备部队，此后研发了多种改进型。

法国士兵与“米兰”反坦克导弹

弹体构造

“米兰”反坦克导弹采用目视瞄准、红外半自动跟踪、导线传输指令制导方式，作为轻型反坦克导弹由步兵使用，射程约为“霍特”导弹的一半。米兰是有线导引，步兵要连续瞄准目标直至命中为止，其弹头采用高爆反坦克弹，可炸穿 650 毫米厚钢装甲。

“米兰”导弹示意图

性能解析

“米兰”反坦克导弹是巷战的理想武器，不仅能对付坦克，还击落过直升机和巡逻艇。"米兰"导弹在非洲战场、马岛战争及海湾战争中的多次表现，都证明了它所具有的作战灵活性。

发射中的“米兰”导弹

服役记录

“米兰”反坦克导弹于1976年在黎巴嫩战争中投入使用，主要用于对付T-55和T-72坦克。1982年的英阿马尔维纳斯群岛战争，英军的“米兰”导弹用来摧毁阿根廷军队的地下碉堡，法军的“米兰”导弹还曾参加了1991年的海湾战争。除在法国和德国生产外，“米兰”导弹还在英国、印度和意大利进行生产，已为43个国家生产了33万多枚"米兰"导弹和1万多套发射装置。

“米兰”导弹参与丛林作战训练

衍生型号

型号	特点
“米兰” 1	基本型
“米兰” 2	采用了经过改进的115毫米穿甲弹
“米兰” 2T	加装了一个30毫米的先行战斗部装药
“米兰” 3	提高了抗干扰能力，并能在夜间作战
“米兰” ER	射程增强型

“米兰” 2 导弹

10 秒速识

“米兰”反坦克导弹弹头采用高爆反坦克弹，有线导引。

“米兰”反坦克导弹

以色列“长钉”反坦克导弹

“长钉”（Spike）反坦克导弹是以色列研制的一种可以装备无人机的超小型导弹。

基本参数	
长度	1.67 米
直径	0.17 米
翼展	0.3 米
重量	34 千克
速度	0.52 马赫
有效射程	25 千米

研发历史

以色列在 20 世纪 80 年代制订了一项庞大的反坦克导弹发展计划，20 世纪 90 年代末，拉斐尔公司推出了“长钉”系列反坦克导弹，1999 年“长钉”导弹原型正式通过防务展公布。2002 年，为了加强在国际市场上的竞争力，拉斐尔公司宣布将原来的 NT 家族更名为“长钉”家族，包括短程型的“长钉”–SR、中程型的“长钉”–MR 和远程型“长钉”–LR，以及增程型“长钉”–ER，2009 年还公布了新型非瞄准线型“长钉”– NLOS。

以色列士兵正在使用“长钉”导弹

弹体构造

“长钉”导弹的基本结构从前到后分别为导引头、前战斗部、飞行姿控发动机、电池组、主战斗部和主发动机。发射装置由命令发射单元、热成像仪和三脚架组成。导弹密封内置在1个一次性发射筒内，使用时安装在发射装置上，发射时，通过1个10倍率和5度视域的昼间视域或热成像瞄准器（最大探测距离3000米）视域，获得目标并利用十字形瞄准点瞄准。发射后，翼片在空中沿高抛线轨迹运行，接近目标时受驱动向下采用“攻顶”方式攻击目标。

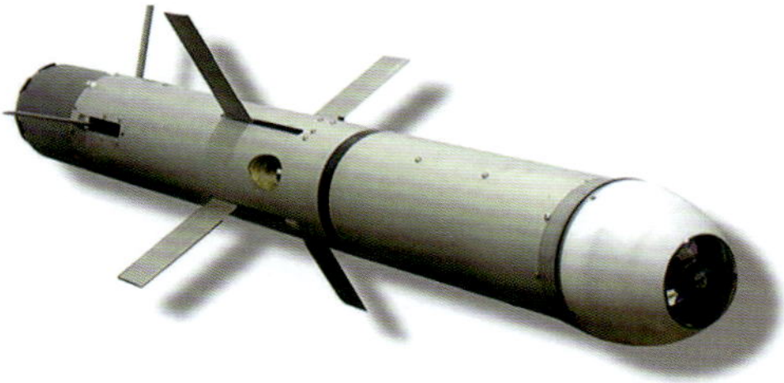

“长钉”导弹示意图

性能解析

“长钉”反坦克导弹是一种轻型、廉价、自动寻的武器系统，反用迅速、使用便捷，能在小于30秒时间内用于发射。“长钉”导弹具有很大的灵活性，在导弹飞行过程中，移动控制站的操作人员可以改变目标或者放弃攻击。由于这种导弹价格低廉，适合在前沿部队中大量部署，以对付低价值目标。

发射中的“长钉”导弹

服役记录

“长钉”导弹系统主要服役于以色列国防军，其次北约的多个成员国以及新加坡、印度、智利和哥伦比亚等国也均有装备。此外，最新型的“长钉”–NLOS 非直瞄发射系统也已开始进入以色列国防军服役。

以色列士兵正在发射“长钉”导弹

衍生型号

型号	特点
“长钉”–SR	短射程型
“长钉”–MR	中射程型
“长钉”–LR	长射程型
“长钉”–ER	超长射程型
“长钉”–NLOS	非瞄准线型

“长钉”-NLOS 导弹

10 秒速识

“长钉”反坦克导弹采用两组矩形弹翼，弹尾为固定式弹翼，弹体中部的弹翼平时呈折叠状态，尺寸稍小。

“长钉”反坦克导弹

日本 91 式便携式防空导弹

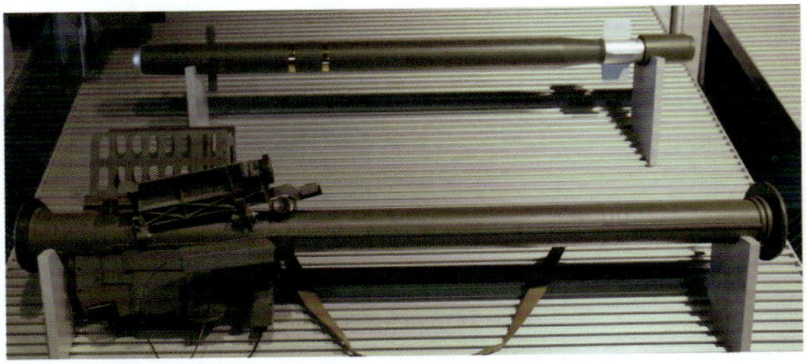

91 式防空导弹（Type 91 Surface – to – Air Missile）是日本东芝公司研制的便携式防空导弹。

基本参数	
长度	1.43 米
直径	0.08 米
重量	11.5 千克
速度	1.9 马赫
有效射程	5 千米

研发历史

20 世纪 80 年代，日本自卫队使用的便携地对空导弹主要是美国的 FIM-92“毒刺”导弹。进入 90 年代之后，为了取代 FIM-92 系列，日本东芝公司以其为基础，推出了 91 式便携式地对空导弹。91 式发展项目于 1990 年完成，并且于 1991 年开始了低速率生产。

日本自卫队员正在操作 91 式防空导弹

弹体构造

91 式防空导弹的整套系统包括导弹发射装置、外置电池盒、敌我识别系统、导弹本体和其他设备，部分部件可与美国 FIM-92“毒刺”导弹互用。导弹推进剂使用固体燃料，发射筒在发射后多热变形，无法重复使用。

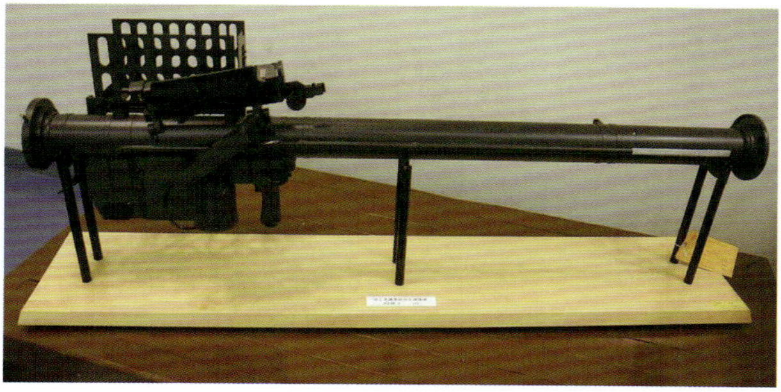

日本 91 式便携式防空导弹

性能解析

91 式防空导弹具有全向攻击能力，抗干扰能力也比较强。日本自卫队宣称，91 式防空导弹比美国“毒刺”导弹的精度更高。

91 式导弹发射小组

服役记录

2007 年 91 式导弹作为自卫用防空装备列装于航空自卫队的基地防空部队。除了作为便携式防空导弹系统所使用外，还被作为 OH-1 直升机的主要防空武器系统所使用。

发射中的91式导弹

10秒速识

91式导弹的外观类似于美国制造的FIM-92“毒刺”防空导弹，91式具有更好的制导系统，其中包括可见光和红外线诱导的系统选项。

91式导弹导引头特写